高等职业教育“十四五”电类基础课系列教材

电工技术及实训

主　编　李　军

副主编　李金霞　张　虹

参　编　王　涛　朱金峰　苏　燕

主　审　李佩禹

机械工业出版社

本书讲述的主要内容有电路基础、电路的分析方法、单相交流电路的分析与计算、三相交流电路的分析与计算、磁路和变压器、交流电动机及继电器-接触器控制。

为了拓展学生的知识面，本书设置了知识链接环节，主要讲述了万用表的使用、导线的连接和绝缘层恢复、照明灯具、三相交流电源相序指示器、功率的测量、电磁铁、绝缘电阻表的使用及电气控制电路的安装与故障检修等问题；同时配有相应的实训练习，用以增强学生的实践动手能力；每章后还配有习题。

本书可作为高职高专制造类专业相关课程的教材，也可作为相关工程技术人员的参考书。

为方便教学，本书备有免费电子课件、习题解答、模拟试卷及答案等，凡选用本书作为授课教材的老师，均可来电索取。咨询电话：010－88379375；Email：cmpgaozhi@sina.com。

图书在版编目（CIP）数据

电工技术及实训/李军主编．—北京：机械工业出版社，2012.8（2021.8 重印）
高等职业教育“十四五”电类基础课系列教材
ISBN 978-7-111-38888-3

Ⅰ.①电… Ⅱ.①李… Ⅲ.①电工技术－高等职业教育－教材 Ⅳ.①TM

中国版本图书馆 CIP 数据核字（2012）第 163176 号

机械工业出版社（北京市百万庄大街 22 号　邮政编码 100037）
策划编辑：于　宁　责任编辑：于　宁　苑文环
版式设计：霍永明　责任校对：张　媛
封面设计：赵颖喆　责任印制：常天培
北京机工印刷厂印刷
2021 年 8 月第 1 版第 5 次印刷
184mm×260mm · 9.5 印张 · 229 千字
7 501—8 500 册
标准书号：ISBN 978-7-111-38888-3
定价：29.80 元

电话服务　　网络服务
客服电话：010-88361066　机　工　官　网：www.cmpbook.com
010-88379833　机　工　官　博：weibo.com/cmp1952
010-68326294　金　书　网：www.golden-book.com
封底无防伪标均为盗版　机工教育服务网：www.cmpedu.com

前　　言

本书按照教育部高职高专教学改革方案的要求，根据高职高专的教学特点进行编写。

在编写中体现以能力为本位的指导思想，强调知识的实用性，以“必须”和“够用”为尺度，以基础能力作为教材主线，降低了理论分析的难度和深度，同时增加了知识链接内容，拓展学生的知识面。

在基本理论和知识链接内容之后，配有相应的实训练习，增强学生的实践动手能力，从而将知识讲授和技能训练有机地结合在一起。

本书在内容编排上注意由浅入深、循序渐进，使学生逐步掌握一定的专业知识和技能。

本书全部由山东商业职业技术学院教师编写，其中第一、七章由王涛编写，第二、三章由李金霞编写，第四～六章由张虹编写，知识链接和实训练习由李军编写，附录由朱金峰、苏燕编写。本书由李军任主编，并统编全稿；李金霞、张虹任副主编；由山东省教学名师李佩禹教授任主审。

由于编者水平有限，书中难免有错漏和不妥之处，恳请广大读者批评指正。

编　者

目　　录

第一章　电路基础

知识目标：

- 了解电路概念、电路模型和电路的基本物理量。
- 理解关联参考方向。
- 了解电路的三种工作状态。
- 熟悉电源的两种等效电路及其等效变换。

技能目标：

- 了解万用表的原理并会使用万用表。

本章主要讨论电路的组成及基本物理量、单一参数元件的基本特性、电压源与电流源的电路模型及两种电源之间的等效变换。

第一节　直流电路

一、电路的组成

电路是由电气设备和元器件按照某种方式连接在一起所组成的。电路是指电流所流经的路径。

电路的分类 $\begin{cases} \text{电力电路：传输和转化能量，如电力拖动电路、照明电路等。} \\ \text{电子电路：传递和处理信号，如扩音机电路等。} \end{cases}$

本书所介绍的是电力电路。实际电路的组成方式多种多样，但通常由电源（或信号源）、负载和中间环节三个基本部分组成。

电路中各部分的作用如下：

1）电源是电路中提供电能的设备，它的作用是将其他形式的能量转换为电能，如蓄电池将化学能转换为电能，发电机将机械能转换为电能等。在电子电路中，将能够输出电信号的装置称为信号源，它相当于电源。

2）负载是指在电路中取用电能的各种用电设备，如白炽灯、电炉和电动机等。它的作用是将电能转换为其他形式的能量。例如，白炽灯将电能转换为光能，电炉将电能转换为热能，电动机将电能转换为机械能。

3）中间环节是指连接电源和负载的设备，最简单的中间环节是导线和开关。

电路可分为内电路和外电路。对于整个电路来说，电源内部的电路称为内电路，负载和中间环节称为外电路。

在研究电路时，为了便于对电路进行分析和计算，通常把实际的元件进行理想化处理，即在一定的条件下突出元件的主要性质，忽略其次要性质，并用规定的图形符号表示实际的元件，从而构成与实际电路相对应的电路模型。生活中常用的手电筒实际电路及其电路模型如图 1-1 所示。

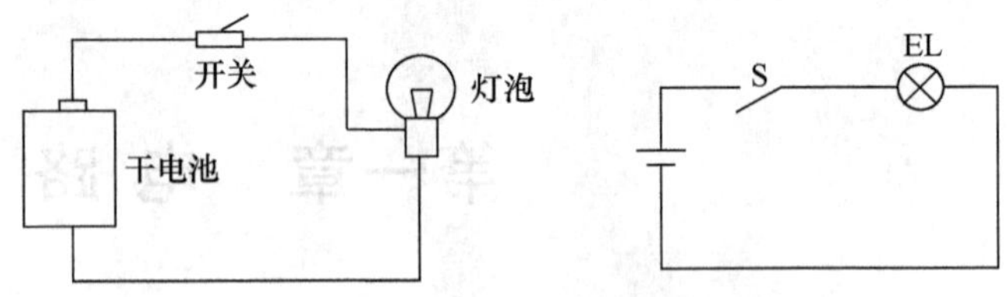

图 1-1　手电筒实际电路及其电路模型

二、电路的基本物理量

1. 电流

电荷的定向移动形成了电流。表示电流强弱的物理量称为电流强度，简称电流，用 i 表示。电流的大小是指单位时间内通过导体某一横截面的电荷量，一般定义为

$$i=\frac{\mathrm{d}q}{\mathrm{d}t} \tag{1-1}$$

若 $\mathrm{d}q/\mathrm{d}t$ 为常数，即电流的大小和方向都不随时间而变化，则称之为稳恒电流，又称直流电流；若 $\mathrm{d}q/\mathrm{d}t$ 为变量，即电流的大小和方向随时间而变化，则称之为交变电流，又称交流电流。直流电流用大写字母 I 表示，交流电流用小写字母 i 表示。

在国际单位制（SI）中，电流的单位为安培，简称安（A），即单位时间内通过导体截面的电量为 1C 时，则电流为 1A。对于大电流常以千安（kA）为单位；在计量较小的电流时，常用的单位是毫安（mA）和微安（μA）。它们的关系为

$$1\mathrm{kA}=10^{3}\mathrm{A}$$
$$1\mathrm{mA}=10^{-3}\mathrm{A}$$
$$1\mu\mathrm{A}=10^{-6}\mathrm{A}$$

通常规定正电荷定向移动的方向为电流的实际方向。在金属导体中，移动的是自由电子，而不是正电荷，自由电子在电场中的移动方向与正电荷的移动方向相反。

电流的方向可用箭头表示，也可用双下标表示，如 i_{ab} 表示电流由 a 点流向 b 点。

2. 电位

若要确定正电荷在电路中某一点所具有的能量大小，就必须选择一个参考点作为基准点。如图 1-2 所示，选择 c 点作为参考点（用符号⊥表示），则正电荷在 a 点所具有的电位能就等于电场力把正电荷从 a 点移动到 c 点所做的功。

电路中 a 点的电位是指将正电荷从 a 点沿任意路径移动到参考点所做的功 W_{a} 与被移动电荷量 Q 的比值，即

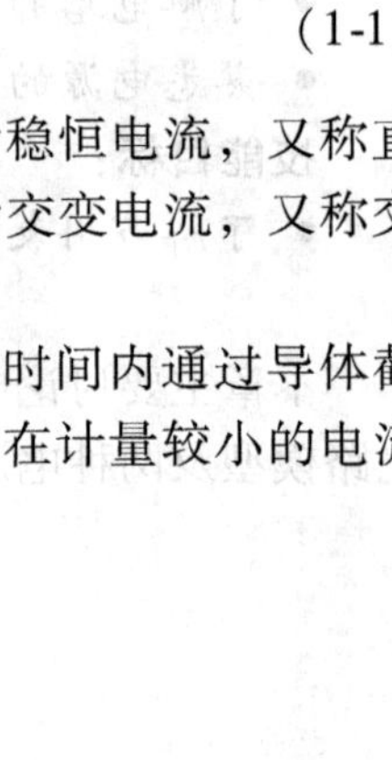

$$V_{\mathrm{a}}=\frac{W_{\mathrm{a}}}{Q} \tag{1-2}$$

图 1-2　电位与电压

通常将参考点的电位规定为零，故参考点又称为零电位点。参考点可以任意选择。参考点一经选定，电路中各点的电位值就是唯一的。改变参考点，各点电位值随之改变，即电路中各点电位的高低是相对于参考点而言的。因此，在电路分析中不确定参考点而讨论电位是没有任何意义的。

3. 电压及参考方向

（1）电压　电路中某两点间的电位差称为这两点间的电压，用字母 U（交流时用 u）表示。在图 1-2 中，a、b 两点间的电压为

$$U_{\mathrm{ab}}=V_{\mathrm{a}}-V_{\mathrm{b}} \tag{1-3}$$

U_{ab}就是将正电荷从 a 点沿任意路径移到 b 点所做的功 W_{ab}与被移动电荷量 q 的比值，即

$$U_{ab} = \frac{W_{ab}}{Q} \tag{1-4}$$

电压的实际方向规定为从高电位点指向低电位点，即在电压的方向上电位是逐点降低的，所以电压又称为电压降。电压的方向可以用双下标表示，如 U_{ab}表示电压方向由 a 点指向 b 点；也可以用箭头表示，箭头的方向为电位逐点降低的方向；还可以用正（+）、负（-）极性来表示。

在国际单位制（SI）中，电位、电压的单位是伏特，简称伏（V）。常用单位还有 μV、mV 和 kV。它们之间的关系为

$$1\text{kV} = 10^3\text{V}$$
$$1\text{mV} = 10^{-3}\text{V}$$
$$1\mu\text{V} = 10^{-6}\text{V}$$

（2）电压与电流的参考方向　在简单电路中，电压、电流的实际方向可由电源的极性确定，但在一些复杂电路的分析中，电压、电流的方向不容易事先确定，因此，为了便于分析电路，引入了电压、电流参考方向的概念。

任意假定某一方向为电流或电压的参考方向，通常用箭头或极性标注在电路上，如图 1-3所示。

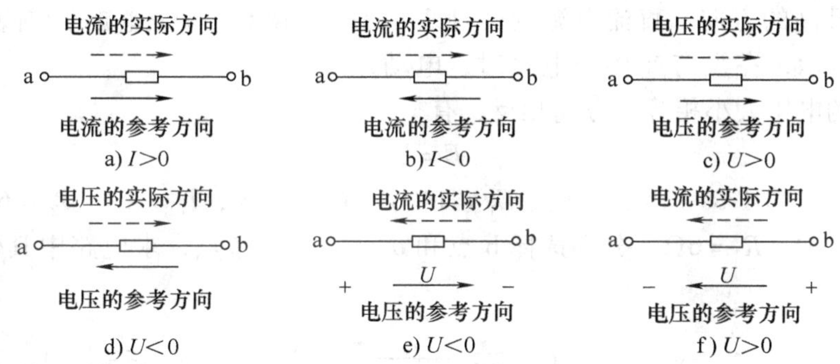

图 1-3　电流、电压的实际方向与参考方向

在选定参考方向的前提下，经过对电路进行分析与计算，若求得的电流或电压为正值，则说明参考方向与实际方向一致；若为负值，则说明参考方向与实际方向相反。

电流参考方向的选定与电压参考方向的选定是没有关系的，但为了方便分析，通常选定电流参考方向与电压参考方向一致，即流过元件的电流方向就是元件上电压降的方向，将其称为关联参考方向，如图 1-4a 所示。如果选定电流参考方向与电压参考方向相反，则称为非关联参考方向，如图 1-4b 所示。

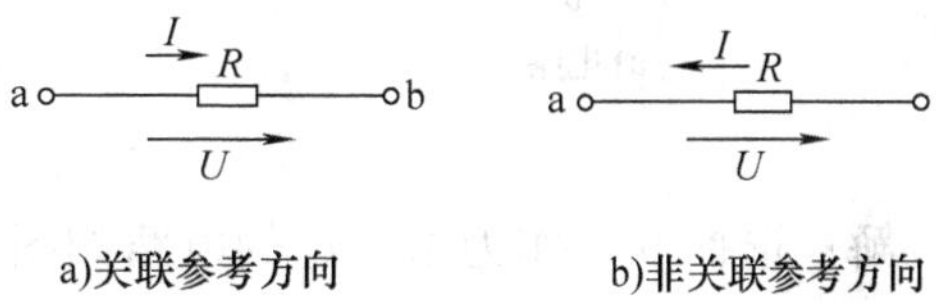

a) 关联参考方向　　b) 非关联参考方向

图 1-4　关联参考方向与非关联参考方向

关联参考方向情况下的欧姆定律可表示为

$$U = IR \tag{1-5}$$

非关联参考方向情况下的欧姆定律可表示为

$$U = -IR \tag{1-6}$$

式中，“－”为电压、电流选取非关联参考方向的体现，与电压、电流数值的正负无关。

4. 电动势

电源的作用和水泵相似，水泵的作用是不断地把低处的水抽到高处，使供水系统始终保持一定的水压。从电源的外电路看，正电荷在电场力的作用下从高电位端向低电位端移动形成了电流，即电场力使电荷移动做功。为了使电流维持下去，电源必须依靠其他非电场力把正电荷从电源的负极移到电源的正极。将单位正电荷从电源的负极移动到正极所做的功，称为电源的电动势，用符号 E（表示交流时，用 e）表示，有

$$E = \frac{W}{Q} \tag{1-7}$$

电动势是衡量电源力（非电场力）做功能力的物理量，电压是衡量电场力做功能力的物理量。它们的区别在于：电场力能够在外电路中把正电荷从高电位端移向低电位端，电压的实际方向规定为自高电位端指向低电位端，是电位逐点降低的方向；而电源力能把电源内部的正电荷从低电位端移向高电位端，电动势的实际方向规定为在电源内部自低电位端指向高电位端，也就是电位逐点升高的方向。直流电源的两种表示形式如图 1-5 所示，在没有连接外电路时，电动势与电源两端的电压大小相等、方向相反，有

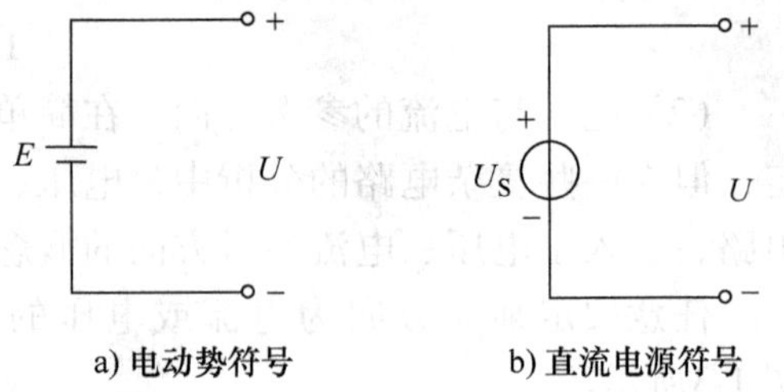

图 1-5 直流电源的两种表示形式

$$E = U \tag{1-8}$$

[例 1-1] 如图 1-6a 所示，已知 $E_1 = 140\text{V}$，$E_2 = 90\text{V}$，$I_1 = 4\text{A}$，$I_2 = 6\text{A}$，$I_3 = 10\text{A}$，$R_1 = 20\Omega$，$R_2 = 5\Omega$，$R_3 = 6\Omega$，分别选择 b 点和 d 点作为参考点，求电路中其他各点电位及电压 U_{cd} 的大小。

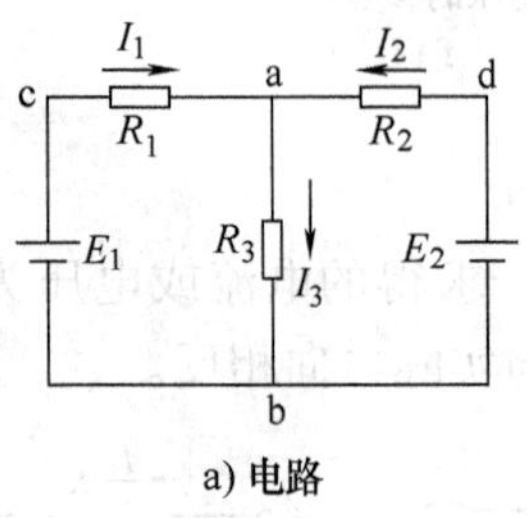

a) 电路

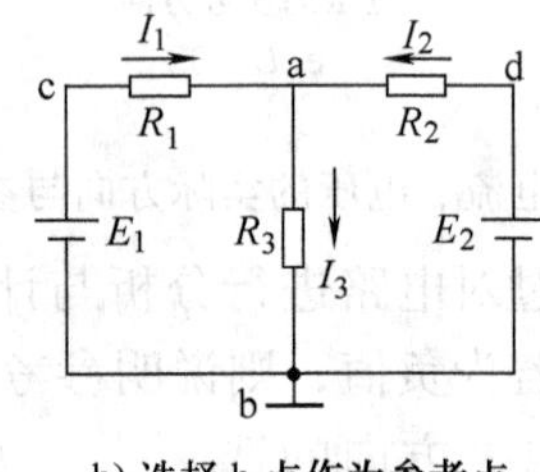

b) 选择 b 点作为参考点

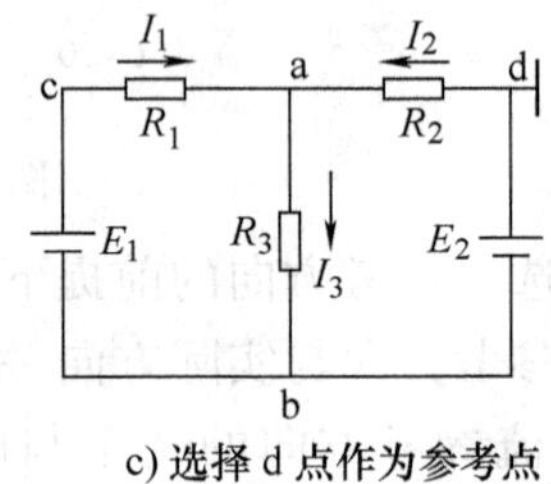

c) 选择 d 点作为参考点

图 1-6 电位与电压的计算

解： 选择 b 点作为参考点的电路如图 1-6b 所示，则

$$V_b = 0\text{V}$$
$$V_a = U_{ab} = I_3R_3 = 10 \times 6\text{V} = 60\text{V}$$
$$V_c = U_{cb} = E_1 = 140\text{V}$$
$$V_d = U_{db} = E_2 = 90\text{V}$$
$$U_{cd} = V_c - V_d = 140\text{V} - 90\text{V} = 50\text{V}$$

选择 d 点作为参考点的电路如图 1-6c 所示，则

$$V_d = 0V$$
$$V_a = U_{ad} = -I_2R_2 = -6\times5V = -30V$$
$$V_b = U_{bd} = -E_2 = -90V$$
$$V_c = U_{cb} + U_{bd} = E_1 - E_2 = 140V - 90V = 50V$$
$$U_{cd} = V_c - V_d = 50V - 0 = 50V$$

综上所述，选用不同的参考点，各点电位的数值不同，但任意两点之间的电压不随参考点的改变而变化，即各点的电位是相对的，而两点间的电压是绝对的。

5. 电能与电功率

（1）电能　电路中有电流时，电路内部发生了能量的转换。正电荷在电源内部获得了能量，把非电能转换成电能；在外电路中，正电荷放出能量，把电能转化为其他形式的能量。

设导体两端的电压为 U，通过导体横截面的电荷量为 Q，则电场力做功为

$$W = UQ = UIt \tag{1-9}$$

在国际单位制中，电能的单位是焦耳（J）；在实际生活当中，常用的单位是千瓦时（kW·h），习惯上称为度。

$$1kW\cdot h = 3.6\times10^6 J$$

1 度等于功率为 1kW 的用电器在 1h 内所消耗的电能。例如，1000W 的空调工作 1h、200W 的灯泡照明 5h 等都消耗 1 度电。

（2）电功率　单位时间内电场力所做的功称为电功率，简称功率，用字母 P（表示瞬时值时用 p）表示。设在 dt 时间内电场力所做的功为 dW，则有

$$p = \frac{dW}{dt} \tag{1-10}$$

在国际单位制（SI）中，功率的单位是瓦特，简称瓦（W）。较小的单位有毫瓦（mW），较大的单位有千瓦（kW）、兆瓦（MW）等。

在关联参考方向情况下，元件功率的计算公式为 $P = UI$；在非关联参考方向情况下，元件的功率计算公式为 $P = -UI$。

若 $P>0$，说明元件吸收功率，是一个负载；若 $P<0$，说明元件发出功率，是一个电源。对任何一个电路元件而言，当流经元件的电流实际方向与元件两端电压的实际方向一致时，元件吸收功率；电流实际方向与元件两端电压的实际方向相反时，元件发出功率。

第二节　电路的工作状态

为了使电气设备在工作中的温度不超过最高工作温度而限定的通过电气设备的最大允许电流称为该电气设备的额定电流。为了限制通过电气设备的电流以及绝缘材料所承受的电压，允许加在电气设备上的电压限定值称为该电气设备的额定电压。

各种电气设备都有其额定电压与额定电流。在使用电气设备前，必须看清铭牌上所标注的额定值是否与电源值一致，以便合理地使用电气设备。

电路的状态一般有空载（开路）、短路和有载（通路）三种。下面以直流电路为例介绍这三种工作状态下的电流、电压和功率方面的特征。电路如图 1-7 所示。

一、有载工作状态

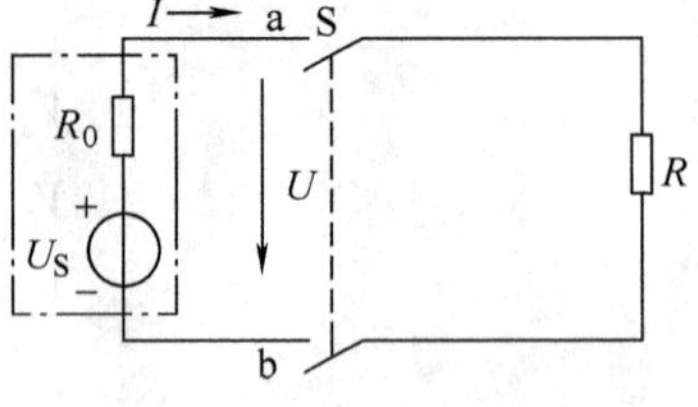

图 1-7 电路的工作状态

在图 1-7 中，当开关闭合时，电流流过负载电阻，电路处于有载工作状态。此时电路中的电流为

$$I = \frac{U_S}{R_0 + R}$$

负载电阻两端的电压（忽略线路压降）为

$$U = IR$$

或

$$U = U_S - IR_0$$

电源输出的功率为

$$P = UI = I^2 R$$

电源输出电流的大小取决于外电路中通电使用的并联用电器。当使用的并联用电器增多时，电源输出的电流和功率随之增大，称为电路的负载增大；当使用的并联用电器减少时，电源输出的电流和功率随之减少，称为电路的负载减小。

当电源输出的电压与电流达到额定值时，电源的工作状态称为额定工作状态，或满载状态。工作在额定状态可以保证电气设备的使用寿命，电气设备使用时安全可靠、经济合理。若电源输出的电流超过额定值，则电源的工作状态称为过载工作状态。短时少量地过载不会对电气设备的使用造成较大伤害，但长时间地过载，则会因为电流的热效应使电气设备的温度超过其最高工作温度，从而缩短电气设备的使用寿命，严重时甚至会烧毁电气设备。

二、空载状态

在图 1-7 中，当开关 S 断开时，外电路与电源断开，电路处于空载（开路）状态。电路的电流为零，电源的内阻压降 IR_0 也等于零，这时电源的端电压 U（亦称空载电压）等于电源电压 U_S，负载电阻 R 不消耗功率。

三、短路状态

电路中任意两端被电阻接近于零的导体接通时，称为这两端被短路。短路有电源短路和负载短路两种情况。在图 1-8 所示电路中，电源被短路，外电路电阻为零，电源端电压 U 为零，电源电动势全部加在电源的内阻 R_0 上。一般电源内阻 R_0 很小，因此短路电流 $I_S = U_S/R_0$ 很大，容易烧毁电源。通常在电路中接入熔断器作为短路保护设备，熔断器应该安装在开关靠近负载的一侧。短路保护电路如图 1-9 所示。

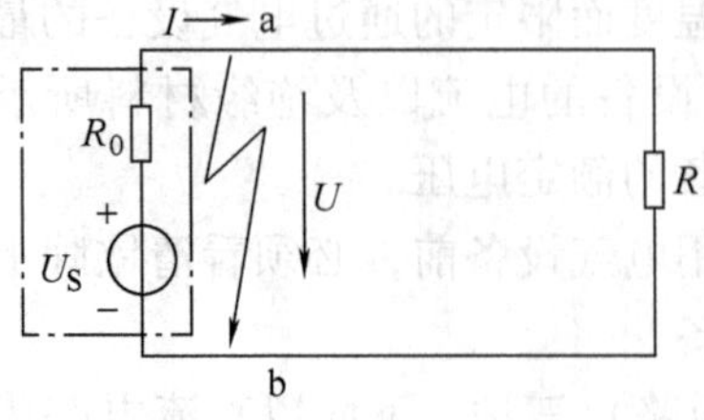

图 1-8 电源短路

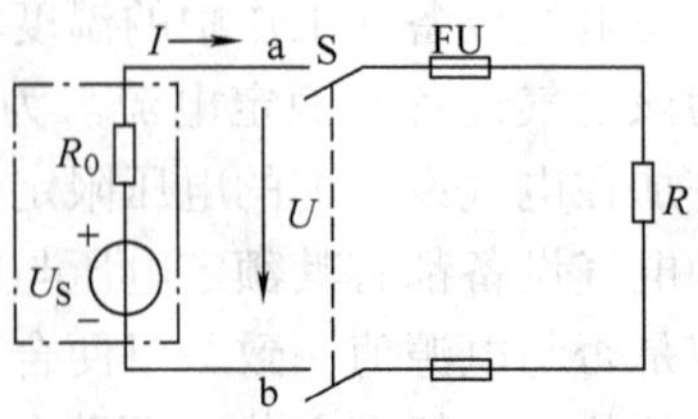

图 1-9 短路保护电路

第三节　电路元件

在电路分析中，实际的电路元件是用理想化的电路元件的组合来表示的。理想化的电路元件按外部连接的端子数目的不同可分为二端和多端元件；按是否给电路提供能量可分为有源元件和无源元件。

一、电阻

电阻器、白炽灯及电炉等元件在电路中主要表现为耗能的电特性，可以用电阻元件来表示这些实际电路中的耗能元件。

在关联参考方向的情况下，$R=U/I$。若元件两端的电压与通过它的电流成正比，即电压 U 与电流 I 的伏安特性曲线为一直线，如图 1-10 所示，则该元件称为线性元件，对应的电阻 R 称为线性电阻。一般金属导体的电阻都为线性电阻。

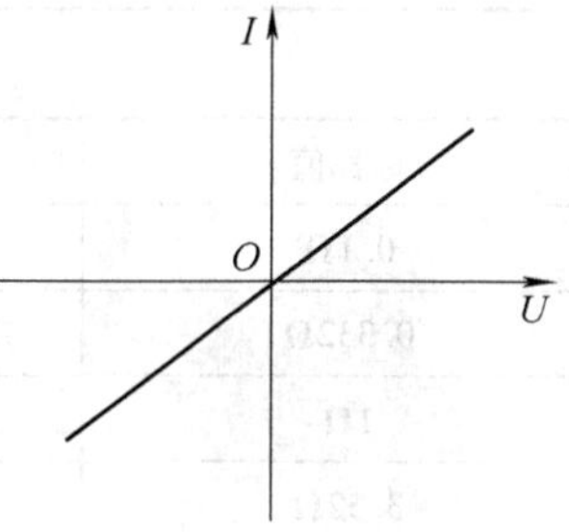

图 1-10　线性电阻的伏安特性曲线

若元件两端的电压与通过它的电流不成正比，即电压 U 与电流 I 的伏安特性曲线不为直线，则将这类元件称为非线性元件，具有这种性质的电阻称为非线性电阻。一般的半导体器件都属于非线性元件。

电阻的种类主要有碳膜电阻、金属膜电阻和线绕电阻等。电阻的主要作用是阻碍电流的通过，常应用于限流、分流电路等。

电阻的主要参数包括标称值（电阻值）、额定功率和允许偏差（误差）。额定功率是指电阻长期连续工作而不改变其性能时所允许消耗的最大功率，一般有（1/16）W、（1/8）W、（1/4）W、（1/2）W、1W、2W、3W 和 5W 等多种，功率较大（20W 以上）的电阻，其额定功率直接标注在电阻元件上；允许偏差是指电阻的实际阻值与其标称值之间所允许的最大相对误差范围。在国际单位制（SI）中，电阻的单位为欧姆，简称欧（Ω）。常用的电阻单位还有千欧（kΩ）和兆欧（MΩ）。电阻的主要标志方法有如下三种。

1. 直接标注法

直接标注法是指将电阻的标称值用数字和文字符号直接标在电阻体上，其允许偏差用百分数表示，未标偏差值的即为 ±20% 的允许偏差。如 1.2MΩ ±5%、20kΩ ±0.1% 等。

2. 文字标注法

文字标注法是指将电阻的标称值和允许偏差用数字和文字符号按一定的规律组合起来标志在电阻体上。允许偏差的标志符号见表 1-1，标称值的文字标注见表 1-2。

通常，大多数电阻的允许偏差为 J、K、M 三类。在表 1-2 中，R 表示欧姆，k 表示千欧，M 表示兆欧，G 表示吉欧，T 表示太欧。

例如：6R2J 表示该电阻阻值为 6.2Ω（1 ±5%）；3k6K 表示该电阻阻值为 3.6kΩ（1 ±10%）；1M5M 则表示该电阻阻值为 1.5MΩ（1 ±20%）。

3. 色环标注法

色环标注法是将电阻的标称值和允许偏差用不同颜色的带环标志在电阻体上。普通的电阻为四环电阻，精密的电阻为五环电阻。

表 1-1　允许偏差的标志符号

允许偏差（%）	标志符号	允许偏差（%）	标志符号
±0. 001	Y	±0. 5	D
±0. 002	X	±1	F
±0. 005	E	±2	G
±0. 01	L	±5	J
±0. 02	P	±10	K
±0. 05	W	±20	M
±0. 1	B	±30	N
±0. 25	C	…	…

表 1-2　标称值的文字标注

标称值	文字标注	标称值	文字标注
0. 1Ω	R10	1MΩ	1M0
0. 332Ω	R332	3. 32MΩ	3M32
1Ω	1R0	10MΩ	10M
3. 32Ω	3R32	33. 2MΩ	33M2
10Ω	10R	100MΩ	100M
33. 2Ω	33R2	332MΩ	332M
100Ω	100R	1GΩ	1G0
332Ω	332Ω	3. 32GΩ	3G32
1kΩ	1k0	10GΩ	10G
3. 32kΩ	3k32	33. 2GΩ	33G2
10kΩ	10k	100GΩ	100G
33. 2 kΩ	33k2	332GΩ	332G
100 kΩ	100k	1TΩ	1T0
332 kΩ	332k	3. 32TΩ	3T32

所谓四环电阻就是指用四条色环表示阻值的电阻。从左向右数，第一、二环表示两位有效数字；第三环表示倍数，即 10 的幂；第四环表示允许偏差。紧靠电阻体一端的色环为第一环。在这四条色环中，前三条相互之间的距离离得比较近，而第四环距离稍微大一点。四环电阻的允许偏差环颜色只有金色、银色或无色三种。金色表示允许偏差为 ±5%，银色为 ±10%，无色为 ±20%。

例如，四条色环的颜色为：黄橙红金。

前三条色环对应的数字（见表 1-3）为 432，金为 ±5%，则阻值为 $43\times10^2\Omega$（1 ±5%）=4. 3kΩ（1 ±5%）。

五环电阻的读数与四环电阻相似，第一、二、三环表示三位有效数字，第四环表示倍数，第五环表示允许偏差。表示允许偏差的色环颜色有棕、红、绿、蓝、紫、金、银。色环对应的有效数值和允许偏差见表 1-3。

表 1-3　色环对应的有效数值和允许偏差

颜色	棕	红	橙	黄	绿	蓝	紫	灰	白	黑
有效数值	1	2	3	4	5	6	7	8	9	0
允许偏差（%）	±1	±2	—	—	±0.5	±0.25	±0.1	±0.05	—	—

二、电感

实际的电感通常是在一个骨架上用漆包线绕制而成的。在交流电路中，电感的主要电磁特性表现为储存磁场能量（用电感元件表示），其耗能因素（用电阻元件表示）可以作为次要因素忽略不计。因此实际电感线圈的电路模型是电阻与电感的串联电路，而理想电感线圈的电路模型就是纯电感电路，如图 1-11 所示。

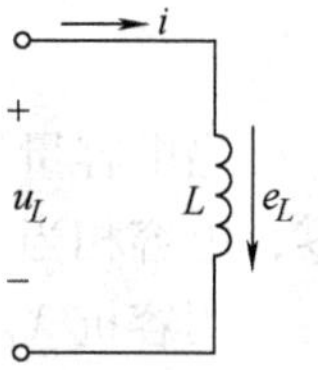

i　+　u_L　−　L　e_L

图 1-11　电感电路

当交变电流通过理想空心电感线圈后，线圈中产生感应电动势来抵制电流的变化，即

$$e_L = -L\frac{\mathrm{d}i}{\mathrm{d}t}$$

这种由于线圈本身电流发生变化而产生的电磁感应现象称为自感现象，简称自感。字母 L 既用来表示自感系数（简称电感），也用来表示电感线圈。

线圈的电感是由线圈本身的特性所决定的，它与线圈的尺寸、匝数和介质的磁导率有关，与线圈中有无电流及电流的大小无关。由于铁心线圈的磁导率 μ 不是常数，而是随电流变化的，因此铁心线圈的电感不是一个固定值，将这种电感称为非线性电感。

在国际单位制（SI）中，电感的单位是亨利，简称亨（H）。常用单位还有毫亨（mH）和微亨（μH）。

在图 1-11 中，电感元件两端的电压 u_L 与电流 i 的关系为

$$u_L = -e_L = L\frac{\mathrm{d}i}{\mathrm{d}t} \tag{1-11}$$

当电感量一定时，电感元件两端的电压与电流的变化率成正比。当电流为直流电流时，电感元件两端的电压为零，电感元件相当于短路。

用感抗 X_L 来表示电感线圈对电流的阻碍作用，其单位和电阻一样。

$$X_L = 2\pi fL \tag{1-12}$$

凡是能产生电感作用的元件统称为电感元件，常用的电感元件有固定电感器、阻流圈及偏转线圈等。电感元件是电路中比较常用的元件，通常用在高频电路、滤波电路及电压变换电路中。

三、电容

最简单的电容是由两块极板和中间的绝缘介质构成的。在交流电路中，因为电流的方向是随时间不断变化的，因而在电容两极板间形成了不断变化的电场。

充电和放电是电容的基本功能。使电容带上电荷的过程称为充电，在充电过程中，电容把从电源获得的电能储存在两极板间的电场中；使电容失去电荷的过程称为放电，在放电过程中，电容把储存的电场能转换为电能还给电源。电容电路如图 1-12 所示。

在图 1-12 中，电容极板上聚集的电荷 q 与其两端电压 u_C 之间的关系为

$$q = Cu_C$$

或

$$C = \frac{q}{u_C}$$

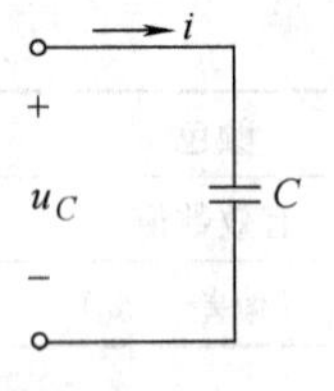

图 1-12　电容电路

则电流为

$$i = \frac{dq}{dt} = C\frac{du_C}{dt} \tag{1-13}$$

当电容量一定时，电流与电容两端电压的变化率成正比，当电压为直流电压时，电流为零，电容相当于开路。

用容抗 X_C 来表示电容对电流的阻碍作用，单位和电阻一样。

$$X_C = \frac{1}{2\pi fC} \tag{1-14}$$

在一般的电子电路中，常用电容来实现旁路、耦合、滤波、振荡、移相及波形变换等。电容用 C 来表示，常用的有铝电解电容、涤纶电容、瓷介（高频、低频）电容、独石电容、纸介电容、空气可变电容器和金属化纸介电容器等。

在国际单位制（SI）中，电容的单位是法拉，简称法（F）。常用单位还有毫法（mF）、微法（μF）、纳法（nF）和皮法（pF）等，它们之间的换算关系是

$$1\mu F = 10^{-6} F$$
$$1nF = 10^{-9} F$$
$$1pF = 10^{-12} F$$

四、电压源与电流源

一个电源可以用两种不同的电源模型来表示，一种是以输出电压的形式来表示，称为电压源等效电路，简称电压源；另一种是以输出电流的形式来表示，称为电流源等效电路，简称电流源。

1. 电压源

一个实际电源的电压源模型是用电源电压 U_S 和内阻 R_0 串联的等效电路来表示的，如图 1-13a 所示。

当电压源向外电路输出电流时，其端电压 U 与输出电流 I 的关系为

$$U = U_S - IR_0 \tag{1-15}$$

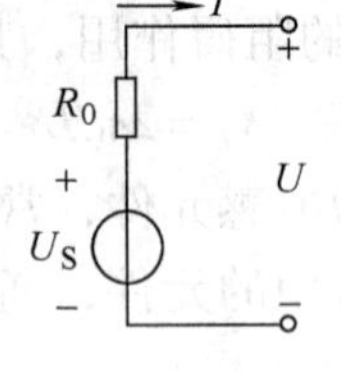

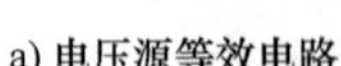
a) 电压源等效电路

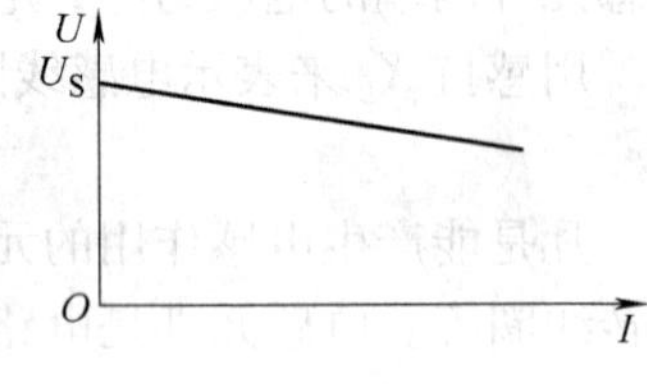

b) 电压源外特性

图 1-13　电压源及其外特性

电压源的输出电压 U 与电流 I 的关系，即 $U = f(I)$，称为电源的外特性，如图 1-13b 所示。电压源的外特性是一条向下倾斜的直线，端电压 U 随输出电流 I 的增大而减小，且内阻 R_0 越大，直线向下倾斜的角度越大，说明电压源的外特性越差。

当电压源开路时，$I = 0$，开路电压 $U_0 = U_S$；当电压源短路时，$U = 0$，短路电流 $I_S =$

U_S/R_0，因为电压源的内阻很小，所以短路电流 I_S 很大。

当电压源内阻 $R_0=0$ 时，不论输出电流如何变化，内阻上的压降始终为零，端电压 U 恒等于电压源电压 U_S，这样的电压源称为理想电压源或恒压源。理想电压源及其外特性如图 1-14 所示。理想电压源在实际工程中是不存在的，它输出的电流大小由外电路决定。

如果一个电源的内阻远远小于负载电阻，通常忽略内阻压降，将其看做是一个理想电压源，如稳压电源就可以看做是理想电压源。

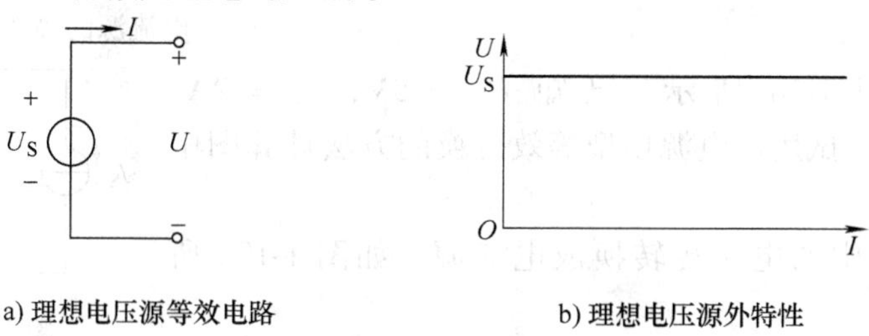

a) 理想电压源等效电路　　b) 理想电压源外特性

图 1-14　理想电压源及其外特性

2. 电流源

一个实际的电流源也可以用一个理想电流源 I_S 和一个电源内阻 R_0 并联的等效电路来表示，如图 1-15a 所示。

当电流源向外电路输出电流时，其输出电流 I 与端电压 U 的关系为

$$I=I_S-\frac{U}{R_0} \tag{1-16}$$

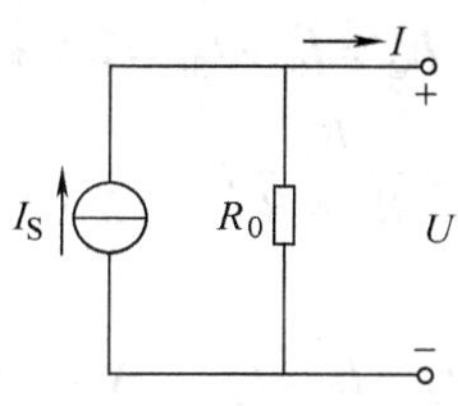

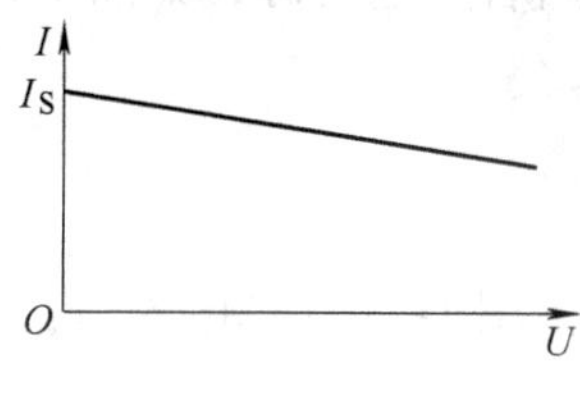

a) 电流源的等效电路　　b) 电流源的外特性

图 1-15　电流源及其外特性

电流源的外特性如图 1-15b 所示，也是一条向下倾斜的直线，输出电流 I 随端电压 U 的增大而减小，且内阻 R_0 越小，直线向下倾斜的角度越大，说明电流源的外特性越差。

当电流源开路时，$I=0$，开路电压 $U_0=I_SR_0$；当电流源短路时，$U=0$，短路电流 $I=I_S$。

当电流源内阻 $R_0\to\infty$ 时，内阻上不分流，输出电流 I 恒等于电流源电流 I_S，这样的电流源称为理想电流源或恒流源。理想电流源及其外特性如图 1-16 所示。理想电流源在实际工程中是不存在的，它输出的端电压大小由外电路决定。

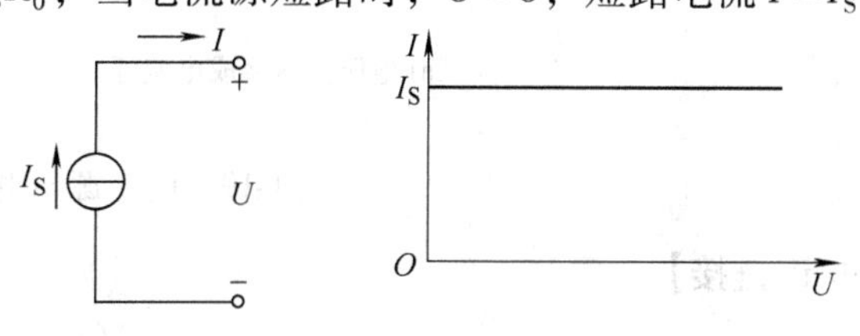

a) 理想电流源的等效电路　　b) 理想电流源的外特性

图 1-16　理想电流源及其外特性

如果一个电源的内阻远远大于负载电阻，通常忽略内阻的分流作用，将其看做是一个理想电流源。

3. 电压源与电流源的等效变换

一个实际的电源既可用电压源表示，又可用电流源表示，因此实际电压源与实际电流源之间可以进行等效变换。**注意：**两者之间的等效变换只是对外电路等效，对内电路不等效。

如图 1-17 所示，若电压源与电流源的外特性相同，即输出电流 I 与端电压 U 都一样，

则可推出两个电源等效变换的条件为

$$U_S = I_S R_0 \quad 或 \quad I_S = \frac{U_S}{R_0} \qquad (1\text{-}17)$$

进行等效变换时，电源内阻 R_0 不变，电压源的极性和电流源的极性应一致，即变换前后电源电流 I_S 的方向由电源电压 U_S 的负极指向正极。

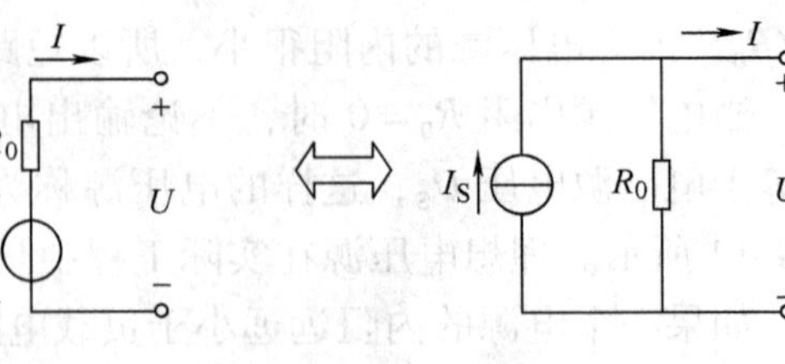

图 1-17　电压源与电流源的等效变换

［例 1-2］　如图 1-18 所示，已知 $U_S = 5V$，$I_S = 2A$，$R_1 = 5\Omega$，$R_2 = 10\Omega$，试用用电源模型等效变换的方法计算图中电流 I_1 和 I_2。

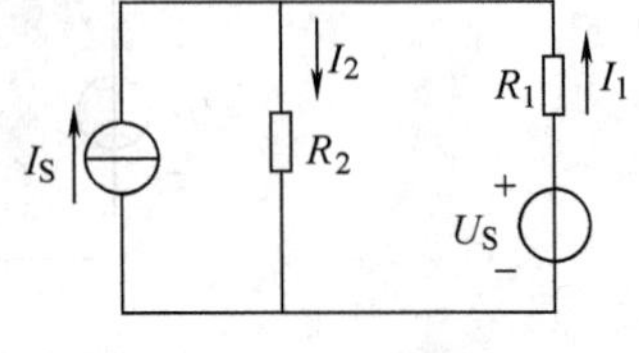

图 1-18　例 1-2 图

解：把图 1-18 中的电压源转换成电流源，如图 1-19a 所示，则

$$I_{S1} = \frac{U_S}{R_1} = \frac{5}{5}A = 1A$$

然后合并电流源，如图 1-19b 所示，计算电流 I_2，则有

$$I_{S2} = I_S + I_{S1} = 2A + 1A = 3A$$

$$I_2 = \frac{R_1}{R_1 + R_2} I_{S2} = \frac{5}{5+10} \times 3A = 1A$$

再由图 1-18 计算电流 I_1：

$$I_1 = I_2 - I_S = I_2 - 2A = 1A - 2A = -1A$$

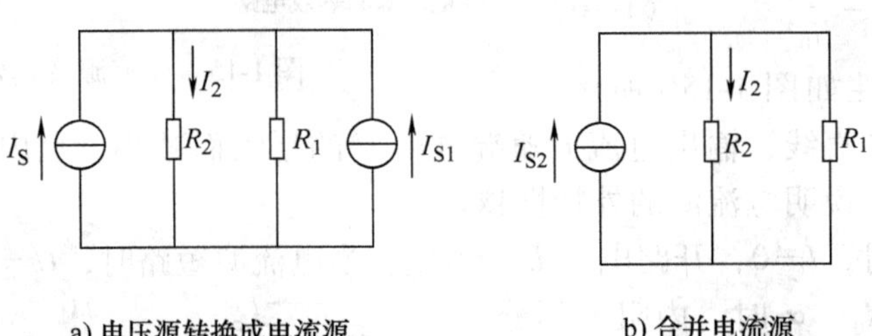

a) 电压源转换成电流源　　b) 合并电流源

图 1-19　电流源与电压源等效变换实例

【知识链接】

万用表的使用

万用表主要用来测量交直流电压、交直流电流、电阻及晶体管电流放大倍数等。常见的万用表主要有数字式万用表和机械式万用表两种。

下面以 MF47 型机械式万用表为例，介绍一下它的基本功能和使用方法。MF47 型万用表的外形如图 1-20 所示。

一、MF47 型万用表的基本功能

MF47 型万用表是磁电系整流式便携多量程万用表，可供测量直流电流、交直流电压及电阻等。它具有 26 个基本量程和电平、电容、电感及晶体管直流参数等 7 个附加参考量程。

二、刻度盘与挡位盘

MF47型万用表的刻度盘与挡位盘印制成红、绿、黑三种颜色。表盘颜色分别根据交流红色、晶体管绿色、其余黑色对应制成，使读数更便捷。刻度盘共有六条刻度，第一条专供测量电阻用；第二条供测量交直流电压、直流电流用；第三条供测量晶体管电流放大倍数用；第四条供测量电容用；第五条供测量电感用；第六条供测量音频电平用。刻度盘上装有反光镜，用以消除视差。

图1-20 MF47型万用表外形

除交直流2500V和直流5A分别有单独的插孔外，其余各挡的测量都是把红表笔插在“+”插孔，黑表笔插在“-/COM”插孔。测量时只需转动挡位调节旋钮，选择合适的挡位与量程即可。

三、使用方法

在使用前应检查万用表指针是否指示在机械零位上，如未指示在零位，可用一字形螺钉旋具旋转表盖上的调零器使指针指示在零位上（机械调零）。

1. 直流电流的测量

测量0.05～500mA直流电流时，旋转挡位调节旋钮至所需电流挡；测量5A直流电流时，将红表笔插在5A插孔中，挡位调节旋钮可旋至500mA直流电流挡上，而后将两表笔串接于被测电路中。

2. 交直流电压的测量

测量交流10～1000V或直流0.25～1000V电压时，旋转挡位调节旋钮至所需电压挡，测量交直流2500V电压时，将红表笔插在2500V插孔中，挡位调节旋钮应分别旋转至交流1000V挡位或直流1000V挡位上，而后将两表笔跨接于被测电路两端。

3. 电阻的测量

装上电池（R14型2#1.5V及6F22型9V各一只）。旋转挡位调节旋钮至合适的欧姆挡位，将两表笔短接，调整0Ω调节旋钮，使指针对准欧姆“0”位上，这个过程称为欧姆校零。若不能实现欧姆校零，则说明电池电压不足，需更换电池。然后将两表笔跨接于被测电路的两端进行测量。

准确测量电阻时，应选择合适的欧姆挡位，使指针尽量能够指向万用表刻度盘的中间区域。

四、注意事项

1）万用表虽有双重保护装置，但使用时仍应遵守下列规程，避免意外损伤。

① 测量过程中，不要任意旋转挡位调节旋钮而变换挡位。

② 测量未知量的电压或电流时，应先选择最高量程挡位，然后根据第一次读取的数据选择适当的量程，以取得较准确的读数。

③ 更换熔丝时，可打开表盒换上相同型号的熔丝（0.5A/250V）。

2）测量高压时，要站在干燥的绝缘板上，并一手操作，防止意外事故的发生。

3）各欧姆挡位用的干电池应定期检查、更换，以保证测量精度。若长期不用，应取出电池。

4）测量完毕后，应将万用表的挡位调节旋钮打到“OFF”挡位或者交流最大挡。

【实训练习】

电位与电压的测定

一、实训目的

1）学会测量直流电路各点的电位及两点间的电压，理解电位的单值性（电路中参考点一经选定，电路中各点的电位值就是唯一的）和相对性（改变电路参考点，各点的电位值将随之改变），理解电压的绝对性。

2）掌握直流稳压电源和万用表的使用方法。

3）验证电位与电压之间的关系。

二、实训步骤

1）实训电路如图 1-21 所示。选择不同点作为电位的参考点，分别测量电路中 A、B、C、D、H、F 各点的电位值及相邻两点之间的电压值 U_{AB}、U_{BC}、U_{CD}、U_{DH}、U_{HF}及 U_{FA}。

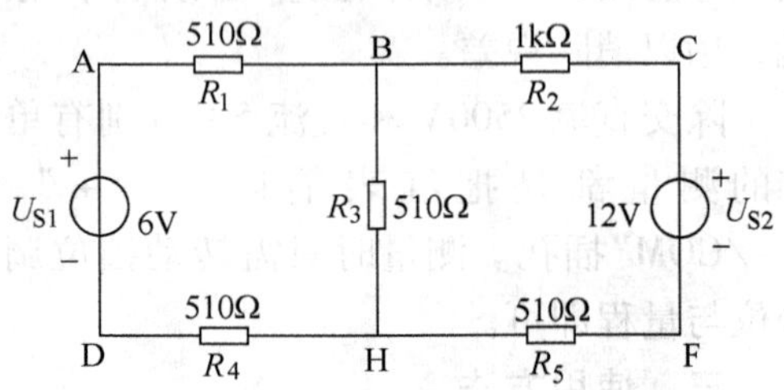

图 1-21　测定电位与电压的电路图

选择 A 点作为参考点时，将万用表挡位调节旋钮旋转至直流电压挡，万用表的黑表笔与参考点 A 相连，万用表的红表笔分别与电路中的其他各点接触（采用点触法），这样便可测得相对于参考点 A 的各点电位。

注意：若指针反偏则说明该点电位为负，应调换红、黑表笔后再测量，这时该点电位记为负值。

2）测任意两点间的电压，测量时应把红表笔接字母排序靠前的一点，黑表笔接字母排序靠后的一点。若指针正偏，则所测电压为正；若指针反偏，则说明该电压为负，应调换红、黑表笔后再测量，这时该电压记为负值。

注意：使用数字式万用表直流电压挡测量电位时，将黑表笔接触参考电位点，红表笔接触被测各点，若显示正值，则表明该点电位为正；若显示负值，则表明该点电位为负。电压测量同理。

3）改变参考点重复上述测量步骤。

三、实验结果

将所有测量结果填入表 1-4 中。

表 1-4　用万用表测量电路中的电位和电压

参考点		测量结果/V											
		V_A	V_B	V_C	V_D	V_H	V_F	U_{AB}	U_{BC}	U_{CD}	U_{DH}	U_{HF}	U_{FA}
A 点	理论												
	测量												
B 点	理论												
	测量												
C 点	理论												
	测量												
D 点	理论												
	测量												

四、主要仪器

主要仪器包括直流可调稳压电源，万用表及电位、电压测定实验电路板等。

五、实验报告

1）根据实验测得的数据证实电位的单值性、相对性及电压的绝对性。

2）分析误差存在的原因（允许误差在5%以内）。

3）心得体会及其他。

习　题　一

1-1　思考题：

（1）简述电路的基本组成及各部分的作用。

（2）简述电路中电位与电压的差异。

（3）如何理解电压和电流的参考方向。

（4）简述电路三种不同的工作状态，并说明各工作状态的特点。

1-2　在图1-22a、b所示电路中，若 $I=0.6\text{A}$，则 $R=?$ 在图1-22c、d所示电路中，若 $U=0.6\text{V}$，则 $R=?$

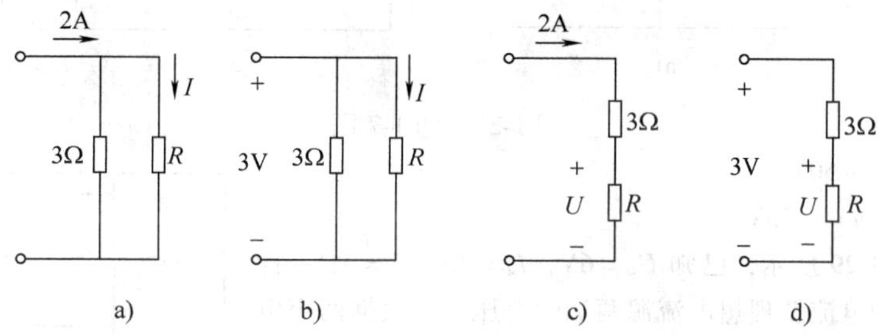

图1-22　题1-2图

1-3　求图1-23所示电路中的电阻 R。

1-4　如图1-24所示，已知 $U_S=100\text{V}$，$R_1=2\text{k}\Omega$，$R_2=8\text{k}\Omega$，在下列三种情况下，分别求电阻 R_2 两端的电压及 R_2、R_3 中流过的电流。（1）$R_3=8\text{k}\Omega$；（2）$R_3=\infty$（开路）；（3）$R_3=0$（短路）。

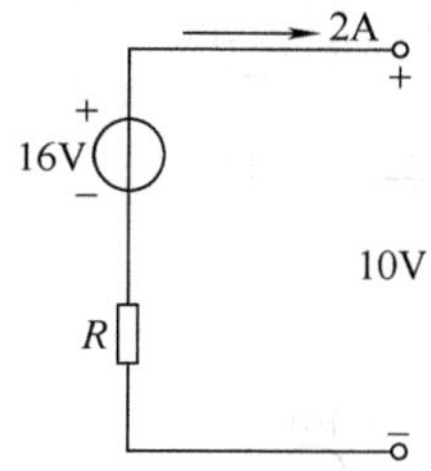

图1-23　题1-3图

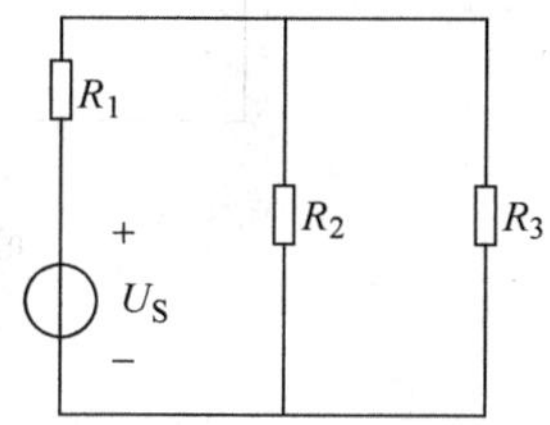

图1-24　题1-4图

1-5　已知某一晶体管收音机电路电源电压为24V，现用分压器获得各段电压（对地电压）分别为19V、11V、7.5V和6V，各段负载所需的电流如图1-25所示，求各段电阻的数值。

1-6　电路如图1-26所示，求电流 I 和电压 U。

1-7　电路如图1-27所示，试对电路进行如下分析。

（1）图1-27a中的理想电压源在 R 为何值时既不取用也不输出功率？在 R 为何值时输出功率？在 R 为何值时取用功率？在上述三种情况下理想电流源分别处于何种状态？

（2）图1-27b中的理想电流源在 R 为何值时既不取用也不输出功率？在 R 为何值时输出功率？在 R 为

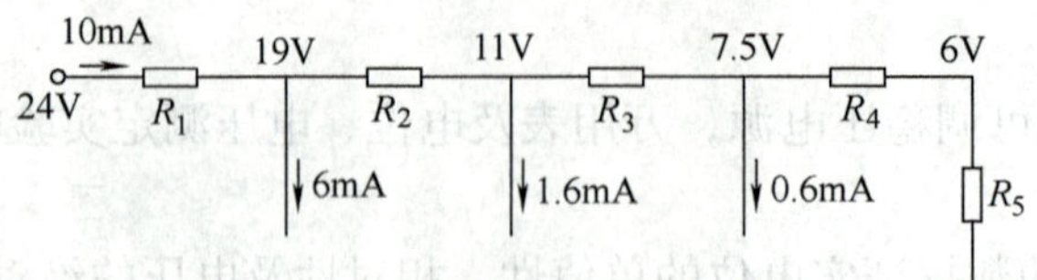

图 1-25　题 1-5 图

何值时取用功率？在上述三种情况下，理想电压源分别处于何种状态？

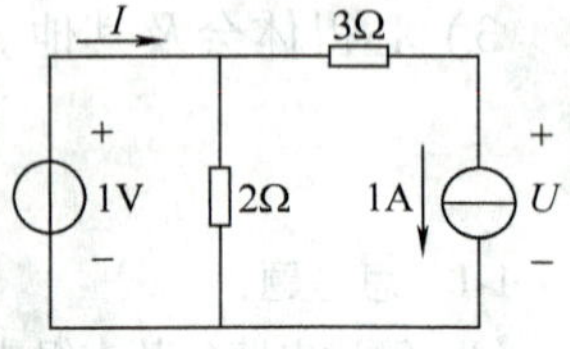

图 1-26　题 1-6 图

1-8　在图 1-28 中，试问对于 N_A 与 N_B，u、i 的参考方向是否关联？此时下列各组乘积 ui 对 N_A 与 N_B 分别意味着是吸收还是发出功率？并说明功率是从 N_A 流向 N_B 还是相反的方向。

（1）$i=15\text{A}$，$u=20\text{V}$

（2）$i=-5\text{A}$，$u=100\text{V}$

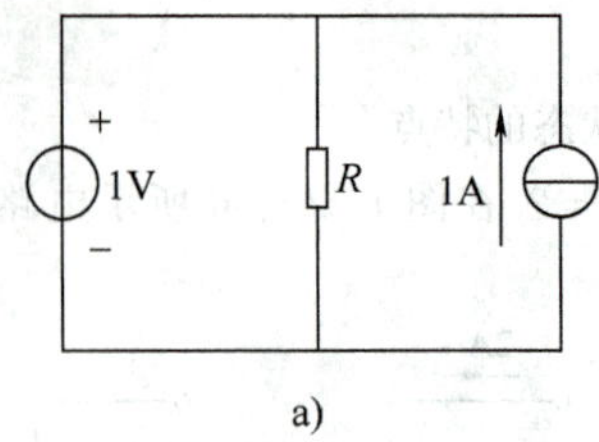

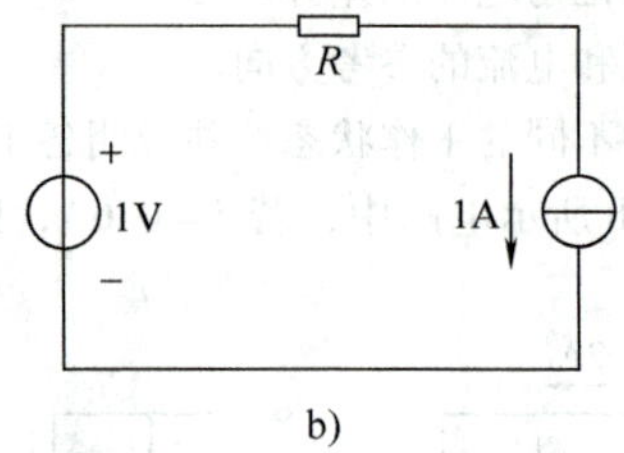

图 1-27　题 1-7 图

（3）$i=4\text{A}$，$u=-50\text{V}$

（4）$i=-16\text{A}$，$u=-25\text{V}$

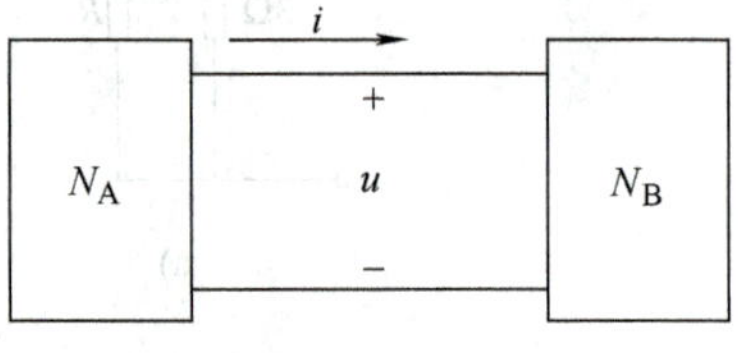

图 1-28　题 1-8 图

1-9　电路如图 1-29 所示，已知 $U_S=6\text{V}$，$I_S=3\text{A}$，$R=4\Omega$。计算通过理想电压源的电流及理想电流源两端的电压，并根据两个电源功率的计算结果，说明它们是发出功率还是吸收功率。

1-10　根据给定的电压与电流的参考方向，试写出图 1-30 所示各元件的电压与电流的关系式。

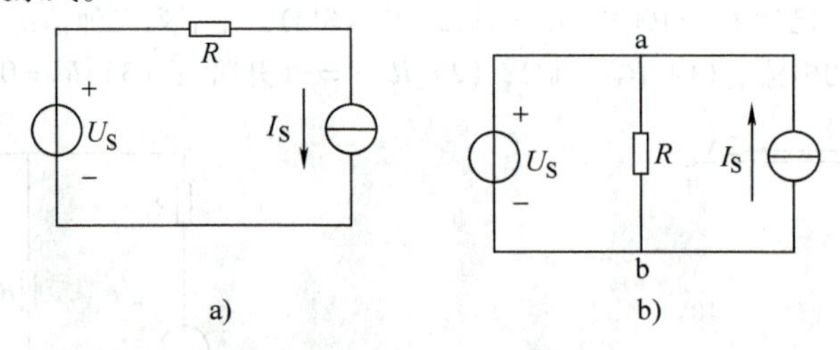

图 1-29　题 1-9 图

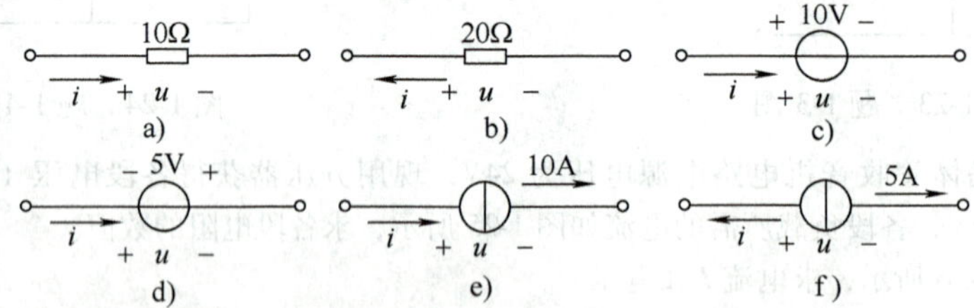

图 1-30　题 1-10 图

1-11　求图 1-31 所示各电源的功率，并指明它们是吸收功率还是发出功率。

1-12　在图 1-32 所示的电路中，一个 3A 的电流源分别与三种不同的外电路相连，求三种情况下 3A 电流源的功率，并指明是吸收功率还是发出功率。

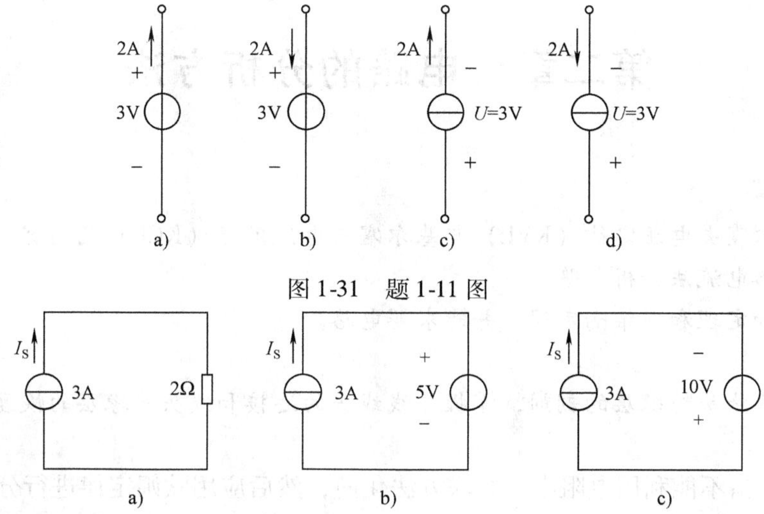

图 1-31　题 1-11 图

图 1-32　题 1-12 图

1-13　电路如图 1-33 所示，求电路中通过恒压源的电流 I_1、I_2 及其功率，并说明元件是起电源作用还是起负载作用。

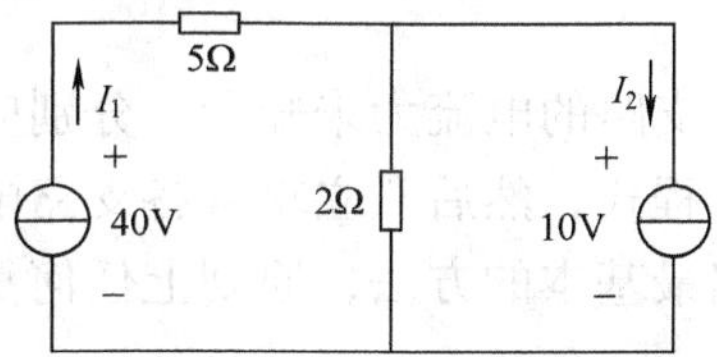

图 1-33　题 1-13 图

1-14　利用电源的等效变换分别画出图 1-34 所示电路的电压源等效电路和电流源等效电路。

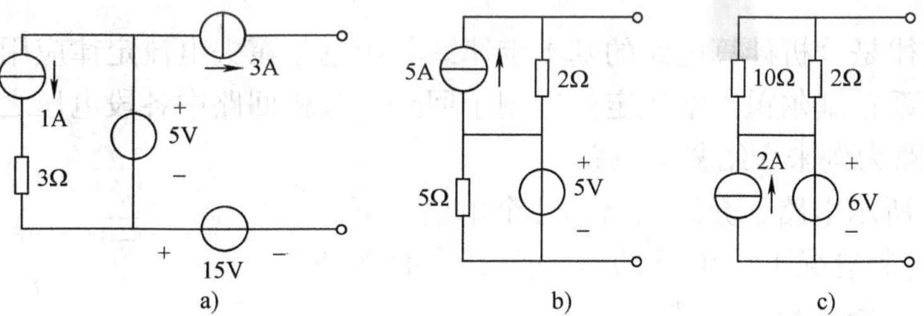

图 1-34　题 1-14 图

1-15　如图 1-35 所示，已知：$U_{S1}=20V$，$U_{S2}=30V$，$I_S=8A$，$R_1=5\Omega$，$R_2=10\Omega$，$R_3=10\Omega$。利用电源模型的等效变换求电压 U。

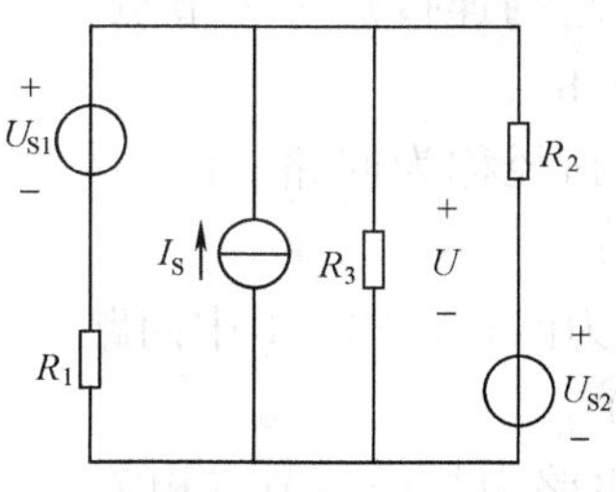

图 1-35　题 1-15 图

第二章　电路的分析方法

知识目标：

- 掌握基尔霍夫电压定律（KVL）与基尔霍夫电流定律（KCL）的内容。
- 会用支路电流法分析电路。
- 掌握叠加定理和戴维南定理，并能求解电路。

技能目标：

- 学会导线线头绝缘层的剖削，掌握导线线头的连接和线头绝缘层的恢复。

复杂电路是指不能利用电阻串、并联方法化简，然后应用欧姆定律进行分析的电路。本章介绍的支路电流法、叠加定理和戴维南定理都是求解复杂电路时常用的方法。

第一节　支路电流法

支路电流法是以电路中每条支路的电流为未知量，分别应用基尔霍夫电流、电压定律列出相应的与支路数相等的独立方程式，然后联立求解各支路电流的方法。

支路电流法是计算复杂电路最基本的方法，原则上任何复杂电路都可以用支路电流法求解。

一、基尔霍夫定律

基尔霍夫定律是分析计算电路的基本定律。其中基尔霍夫电流定律应用于节点，分析节点电流之间的关系；基尔霍夫电压定律应用于回路，分析回路中各段电压之间的关系。现以图 2-1 所示的电路为例来介绍复杂电路。

结合图 2-1 所示电路，介绍电路的几个术语如下。

1）支路。通常情况下，电路的每一个分支称为支路。图 2-1 中有三条支路，分别为 acb、ab 和 adb。其中，acb 支路和 adb 支路含有电源，称为有源支路；ab 支路不含电源，称为无源支路。

2）节点。三条或三条以上支路的连接点称为节点。图 2-1 中有两个节点，分别为 a 和 b。

3）回路。由支路组成的闭合路径称为回路。图 2-1 中有三个回路 abca、adba 和 cadbc。

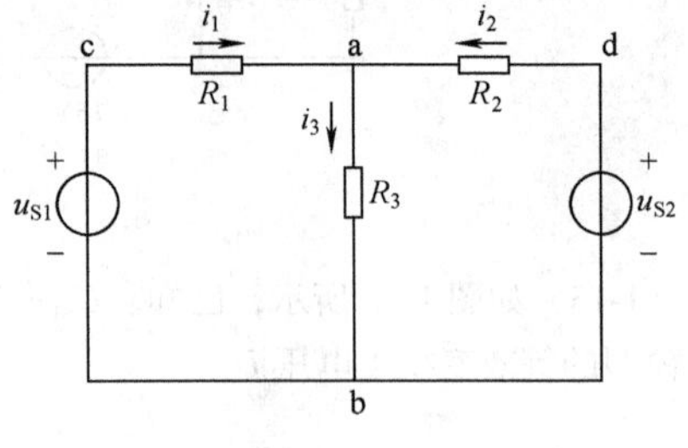

图 2-1　复杂电路

4）网孔。不含支路的回路称为网孔，图 2-1 中回路 abca 与回路 adba 为网孔。

1. 基尔霍夫电流定律（KCL）

基尔霍夫电流定律反映的是电路中与任一节点相关联的所有支路电流之间的相互约束关系。由于在电路的任一节点上均不可能发生电荷持续集聚的现象，因此，在任一时刻，流入

某一节点的支路电流之和必定等于流出该节点的支路电流之和。即

$$\sum i_{入} = \sum i_{出} \tag{2-1}$$

若把电流写在等式一边，则有

$$\sum i = \sum i_{入} - \sum i_{出} = 0 \tag{2-2}$$

基尔霍夫电流定律可表述为：在任一时刻，流入某一节点的支路电流代数和等于零。

在图 2-1 中，若规定流入节点的电流取正（+），则流出节点的电流取负（-），反之亦可。对节点 a、b 分别列方程式，有

节点 a　　$i_1 + i_2 - i_3 = 0$

节点 b　　$-i_1 - i_2 + i_3 = 0$

由此可见，对于有两个节点的电路，只能列出一个独立的节点电流方程式。推广到有 n 个节点的电路时，则只能列写（n-1）个独立的节点电流方程式。

2. 基尔霍夫电压定律（*KVL*）

基尔霍夫电压定律反映的是电路中任一回路中各元件电压之间的相互约束关系，体现的是能量守恒定律。沿任一回路绕行一周，回路中所有的电压升之和等于所有的电压降之和。即

$$\sum \mathrm{u}_{升} = \sum \mathrm{u}_{降} \tag{2-3}$$

若把电压写在等式一边，则有

$$\sum \mathrm{u} = \sum \mathrm{u}_{升} - \sum \mathrm{u}_{降} = 0 \tag{2-4}$$

基尔霍夫电压定律可表述为：沿任一回路绕行一周，回路中各段电压的代数和恒等于零。

在应用式（2-4）时，首先要确定回路的一个绕行方向。凡元件电压的参考方向与回路绕行方向一致者，在式中该电压取正；电压参考方向与回路绕行方向相反者，电压取负；当电阻上的电流方向与回路绕行方向一致时，则此电阻上的电压取正，反之则取负。

在图 2-1 中，对回路 abca 列写回路电压方程式，则有

$$i_1R_1 + i_3R_3 - u_{S1} = 0$$

对回路 adba 列写回路电压方程式，有

$$-i_2R_2 + u_{S2} - i_3R_3 = 0$$

对回路 cadbc 列写回路电压方程式，有

$$i_1R_1 - i_2R_2 + u_{S2} - u_{S1} = 0$$

对于这三个回路，列写的三个回路电压方程式只有两个是独立的。要保证列写的回路电压方程式是独立的，只需确定每次所选择的回路中包含一个之前没有利用过的支路即可。

二、支路电流法的应用

在图 2-1 中，有三条支路、两个节点，若已知各电源电压和各电阻阻值，应用支路电流法求解三个未知支路电流时，只能列写出一个独立的节点电流方程式，另外两个方程式用 KVL 补充列出即可。所列方程组如下：

$$\begin{cases} i_1 + i_2 - i_3 = 0 \\ i_1R_1 + i_3R_3 - u_{S1} = 0 \\ -i_2R_2 + u_{S2} - i_3R_3 = 0 \end{cases}$$

将上面三式联立求解即可得支路电流 i_1、i_2 和 i_3。

应用支路电流法求解支路电流的步骤如下。

1）判断支路数和节点数，给出各支路电流的参考方向。

2）用基尔霍夫电流定律列出（$n-1$）个独立的节点电流方程式（n 为节点数）。

3）用基尔霍夫电压定律列出 $b-(n-1)$ 个独立的回路电压方程式（b 为支路数）。

4）代入已知数据求解方程组，得各支路电流。

［**例 2-1**］　利用支路电流法求解图 2-2a 中的各支路电流，已知 $I_S=2A$，$U_S=5V$，$R_1=5\Omega$，$R_2=10\Omega$。

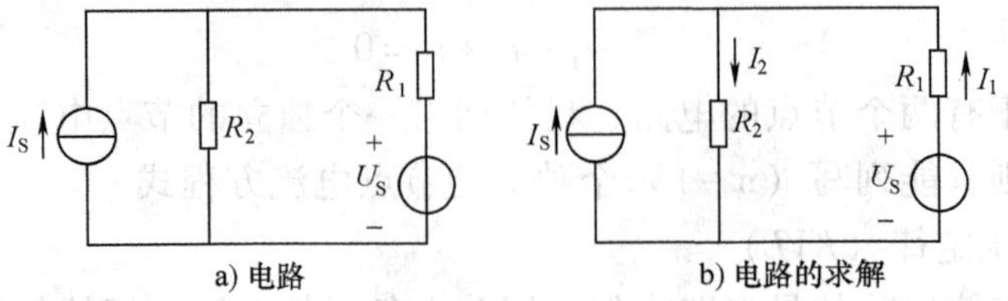

图 2-2　例 2-1 图

解：电路中有三个支路，两个节点。由于其中一条支路为电流源支路，电流已知，因此，给出另外两条支路的电流参考方向，如图 2-2b 所示。因为有两个未知量，所以列两个方程式即可，利用 KCL 列出一个节点电流方程式，再选择一个回路（避开电流源支路）列出回路电压方程式，联立求解。

$$\begin{cases}I_2=I_1+I_S\\ I_1R_1+I_2R_2-U_S=0\end{cases}$$

即

$$\begin{cases}I_2=I_1+2A\\ 5\Omega\cdot I_1+10\Omega\cdot I_2-5V=0\end{cases}$$

求得 $I_1=-1A$，$I_2=1A$。电流为负值说明其实际方向与图示方向相反。

［**例 2-2**］　若已知电源电压和各电阻阻值，利用支路电流法求解图 2-3a 所示电路的各支路电流。

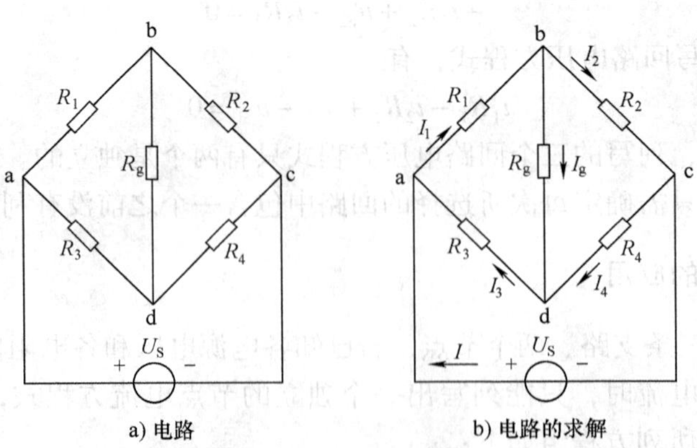

图 2-3　例 2-2 图

解：(1) 电路中有 6 个支路，4 个节点，给出各支路电流参考方向，如图 2-3b 所示；

(2) 任意选择 3 个节点列写节点电流方程式，如选择节点 a、b、c；

(3) 选择3个回路列写独立的回路电压方程式，这里选择3个网孔即可。

联立得方程组，即

$$\begin{cases} I_1 = I_3 + I \\ I_1 = I_2 + I_g \\ I_2 = I_4 + I \\ I_1R_1 + I_gR_g + I_3R_3 = 0 \\ I_2R_2 + I_4R_4 - I_gR_g = 0 \\ U_S + I_4R_4 + I_3R_3 = 0 \end{cases}$$

由此可以看出，用支路电流法求解支路数量较多的电路时，所需列的方程式数量也较多，这就使得求解较为繁杂了。一般用支路电流法求解4个支路以下的电流时比较简单。

第二节　叠加定理

叠加定理的定义：在线性电路中，如果有多个电源共同作用，任何一个支路的电流（电压）等于电路中各个电源单独作用时分别在该支路上所产生的电流（电压）的代数和。

当某个电源单独作用于电路时，其他所谓不作用的电源应该除去，对电压源来说，令其电压 u_S 为零，相当于短路（实际电压源模型的内阻仍应保留在电路中）；对电流源来说，令其电流 i_S 为零，相当于开路（实际电流源模型的内阻仍应保留在电路中）。

注意：功率不能叠加。

凡是能用数学一次方程来描述其相互关系的物理量都具有可叠加性，因此在分析线性电路时经常要用到叠加定理。

[例2-3]　用叠加定理求图2-4a所示电路的电流 I 和电压 U，其中，$R_1=3\Omega$，$R_2=5\Omega$，$U_S=12V$，$I_S=8A$。

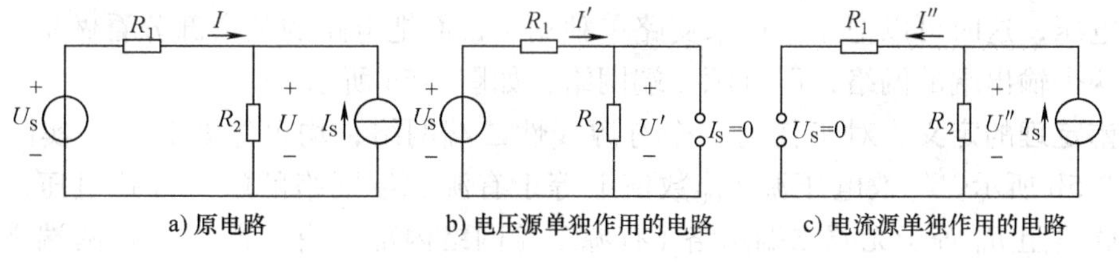

a) 原电路　b) 电压源单独作用的电路　c) 电流源单独作用的电路

图2-4　例2-3图

解：(1) 画出各个电源单独作用时的电路模型。

图2-4b是电压源单独作用时的电路。将电流源置为零（即将含电流源的支路开路），各电压和电流用上标“′”表示；

图2-4c电流源单独作用时的电路。将电压源置为零（即将电压源短路），各电压和电流用上标“″”表示。

(2) 求出各个电源单独作用时的电流或电压。

对于电压源单独作用时的电路，由于电流源支路开路，R_1 与 R_2 为串联关系，所以

$$I' = \frac{U_S}{R_1 + R_2} = \frac{12}{3+5}A = 1.5A$$

$$U' = \frac{R_2}{R_1 + R_2}U_S = \frac{5}{3+5} \times 12\text{V} = 7.5\text{V}$$

对于电流源单独作用的电路，电压源支路短路后，R_1 与 R_2 为并联关系，故有

$$I'' = \frac{R_2}{R_1 + R_2}I_S = \frac{5}{3+5} \times 8\text{A} = 5\text{A}$$

$$U'' = (R_1 /\!/ R_2)\ I_S = \frac{3 \times 5}{3+5} \times 8\text{V} = 15\text{V}$$

（3）求电流（电压）的代数和。

$$I = I' - I'' = 1.5\text{A} - 5\text{A} = -3.5\text{A}$$

说明： *I'与 I 参考方向一致，前面符号取"+"，I''与 I 参考方向相反，前面符号取"－"。*

$$U = U' + U'' = 7.5\text{V} + 15\text{V} = 22.5\text{V}$$

说明： *U'、U''与 U 的参考方向均一致，前面符号都取"+"。*

使用叠加定理分析电路时，应注意以下几点。

1）叠加定理仅适用于计算线性电路中的电流或电压，不能用来计算功率，因为功率与电源之间不是线性关系。

2）各个电源单独作用时，对于所谓不作用的电源均置为零（电压源做短路处理，电流源作开路处理）。

3）求代数和时，若电流（电压）的参考方向与原电路的参考方向一致时，取"+"；相反时，取"－"。

第三节　戴维南定理

在电路分析中，有时并不需要求解各支路电流或电压，而只需要计算电路中某一条支路的电流或电压，这时可以把这个待求支路单独划出，而把电路的其余部分看做是一个含有电源、具有两个输出端的网络，即有源二端网络，如图 2-5a 所示。

戴维南定理的定义： 对于任何一个有源线性二端网络，均可等效为一个实际电压源电路，如图 2-5b 所示。等效电压源 U_{OC}数值上等于有源二端网络的端口开路电压，如图 2-5c 所示；串联电阻 R_0 等于无源二端网络（有源二端网络内部所有电源置零）两端之间的等效电阻，如图 2-5d 所示。

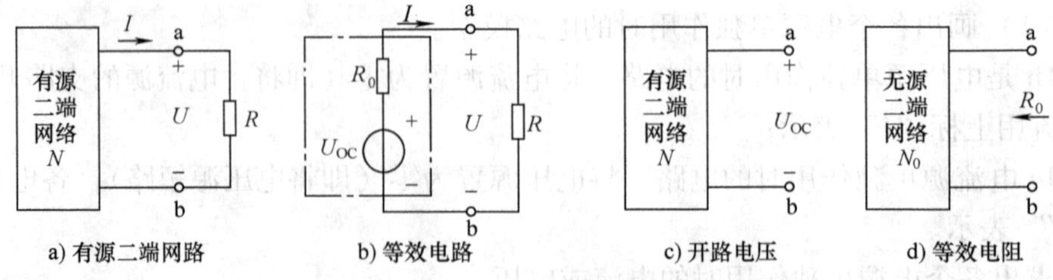

图 2-5　戴维南定理

［**例 2-4**］　求图 2-6 中 ab 端口的戴维南等效电路，已知 $I_S = 1\text{A}$，$U_S = 50\text{V}$，$R_1 = 20\Omega$，$R_2 = 30\Omega$，$R_3 = 2\Omega$。

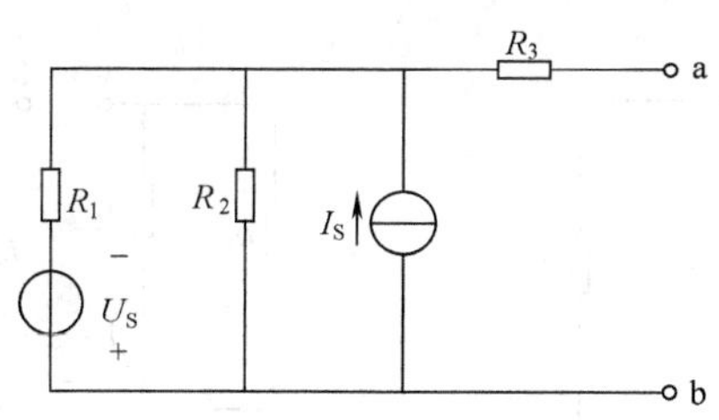

图 2-6　例 2-4 图

解:（1）求 ab 两端的开路电压 U_{OC}。利用叠加定理将原电路分解为两个电源分别单独作用的电路，如图 2-7a、b 所示。

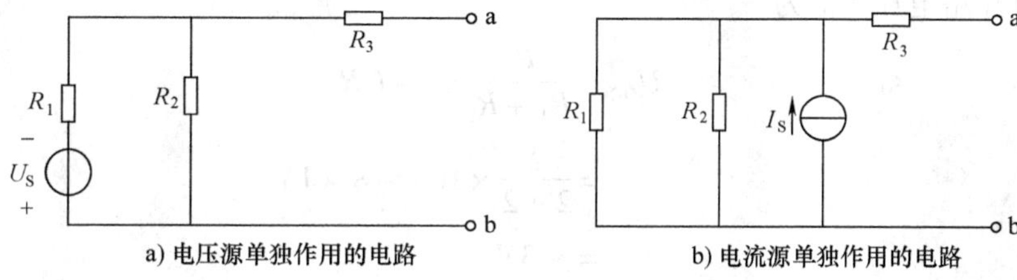

图 2-7　例 2-4 解题步骤（一）

由图可得

$$\begin{aligned}U_{OC} &= -U_S\frac{R_2}{R_1+R_2}+I_S\frac{R_1R_2}{R_1+R_2}\\ &= -50\times\frac{30}{20+30}\text{V}+1\times\frac{20\times30}{20+30}\text{V}\\ &= -18\text{V}\end{aligned}$$

（2）求等效内阻 R_0。将电压源短路，电流源开路，得到一个无源二端网络，如图 2-8a 所示。

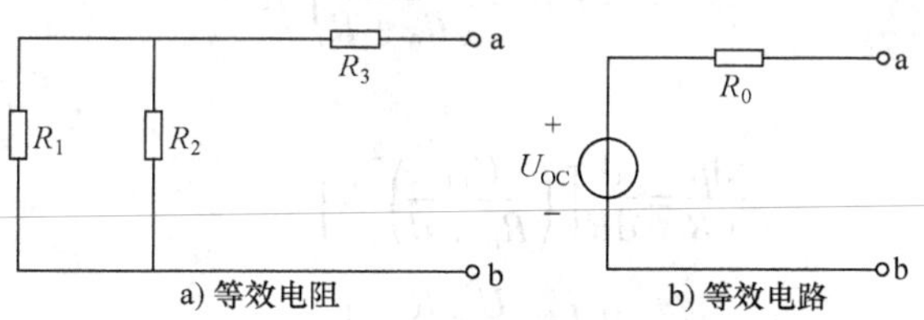

图 2-8　例 2-4 解题步骤（二）

由图可得

$$\begin{aligned}R_0 &= R_3+R_1/\!/R_2\\ &=2\Omega+\frac{20\times30}{20+30}\Omega=14\Omega\end{aligned}$$

画出戴维南等效电路，如 2-8b 所示。

[**例 2-5**]　如图 2-9 所示，已知，$I_S=8\text{A}$，$U_S=10\text{V}$，$R_1=2\Omega$，$R_2=2\Omega$，$R_3=1\Omega$。如果电阻 R 可变，求 R 为何值时电阻 R 的功率最大？该最大功率是多少？

解: 断开电阻 R 支路，如图 2-10a 所示，应用戴维南定理将 ab 二端网络等效为电压源电路，如图 2-10b 所示。

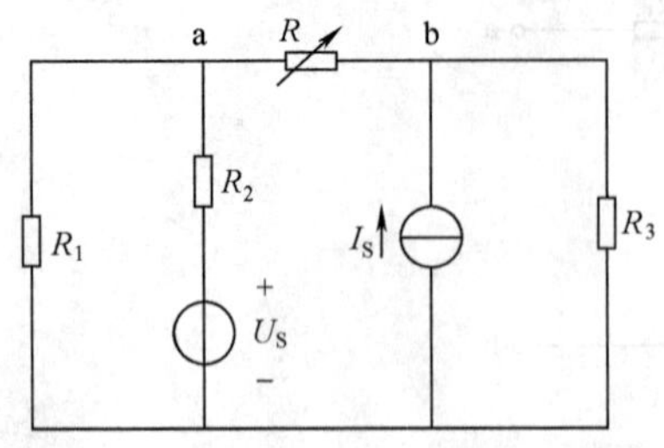

图 2-9　例 2-5 图

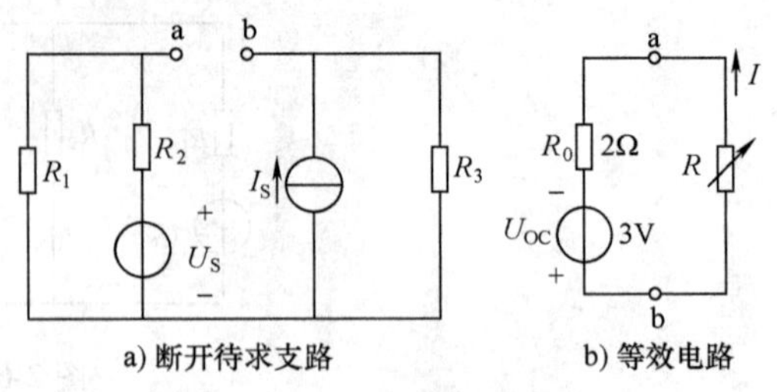

图 2-10　例 2-5 解题步骤

ab 两端的开路电压 U_{OC} 为

$$\begin{aligned} U_{OC} &= \frac{R_1}{R_1+R_2}U_S - I_S R_3 \\ &= \frac{2}{2+2}\times 10\text{V} - 8\times 1\text{V} \\ &= -3\text{V} \end{aligned}$$

ab 两端的等效电阻 R_0 为

$$\begin{aligned} R_0 &= R_1 /\!/ R_2 + R_3 \\ &= \frac{2+2}{2\times 2}\Omega + 1\Omega \\ &= 2\Omega \end{aligned}$$

由图 2-10b 可得

$$I = \frac{U_{OC}}{R_0+R}$$

$$P = I^2 R = \left(\frac{U_{OC}}{R_0+R}\right)^2 R$$

当 $\mathrm{d}p/\mathrm{d}R = 0$ 时，则

$$\begin{aligned} \frac{\mathrm{d}p}{\mathrm{d}R} &= \frac{\mathrm{d}}{\mathrm{d}R}\left[\left(\frac{U_{OC}}{R_0+R}\right)^2 R\right] \\ &= \frac{\mathrm{d}}{\mathrm{d}R}\left[\frac{U_{OC}^2 R}{(R_0+R)^2}\right] \\ &= \frac{U_{OC}^2\ (R_0+R)^2 - 2U_{OC}R\ (R_0+R)}{(R_0+R)^4} \\ &= \frac{(R_0-R)\ U_{OC}^2}{(R_0+R)^3} \\ &= 0 \end{aligned}$$

即当负载电阻 R 与电源内阻 R_0 相等时，负载电阻可从电源获得最大功率。此时最大功率为

$$P = \frac{U_{OC}^2}{4R_0} = \frac{(-3)^2}{4\times 2}\text{W} = 1.125\text{W}$$

[例 2-6]　电路如图 2-11a 所示。已知：$U_S = 24\text{V}$，$I_S = 2\text{A}$，$R_1 = R_2 = 6\Omega$，$R_3 = R_4 = 3\Omega$，用戴维南定理求电路中的电流 I。

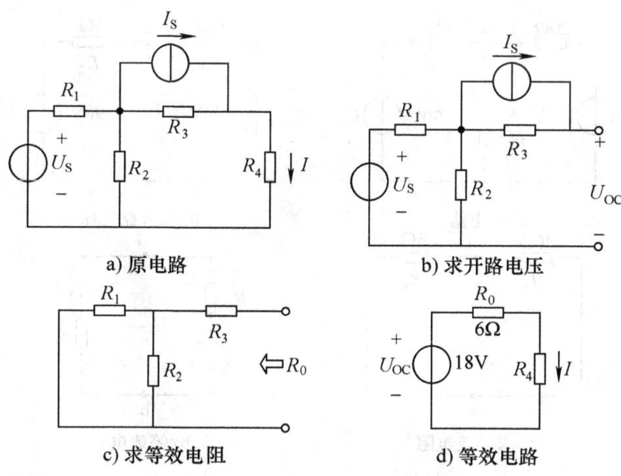

图 2-11 例 2-6 图

解：断开待求支路，可得有源二端网络如图 2-11b 所示，计算开路电压 U_{OC}：

$$U_{OC} = I_S R_3 + \frac{R_2}{R_1 + R_2} U_S$$
$$= 2 \times 3\text{V} + \frac{6}{6+6} \times 24\text{V}$$
$$= 18\text{V}$$

将图 2-11b 中的电压源短路，电流源开路，可得无源二端网络如图 2-11c 所示，计算等效电阻 R_0：

$$R_0 = R_1 // R_2 + R_3$$
$$= \frac{6 \times 6}{6+6}\Omega + 3\Omega$$
$$= 6\Omega$$

画出原电路的等效电路，如图 2-11d 所示，计算待求电流 I：

$$I = \frac{U_{OC}}{R_0 + R_4} = \frac{18}{6+3}\text{A} = 2\text{A}$$

［**例 2-7**］ 用戴维南定理求图 2-12a 所示电路中的电流 I。

解：断开待求支路，可得有源二端网络如图 2-12b 所示，计算开路电压 U_{OC}：

$$U_{OC} = \frac{U_{S1} - U_{S2}}{R_1 + R_2} R_2 + U_{S2} = \frac{140-90}{20+5} \times 5\text{V} + 90\text{V} = 100\text{V}$$

将图 2-12b 中的电压源短路，可得无源二端网络如图 2-12c 所示，计算 a、b 间的等效电阻 R_0：

$$R_0 = R_1 // R_2 = \frac{20 \times 5}{20+5}\Omega = 4\Omega$$

画出原电路的等效电路，如图 2-11d 所示，计算待求电流 I：

$$I = \frac{U_{OC}}{R_0 + R_3} = \frac{100}{4+6}\text{A} = 10\text{A}$$

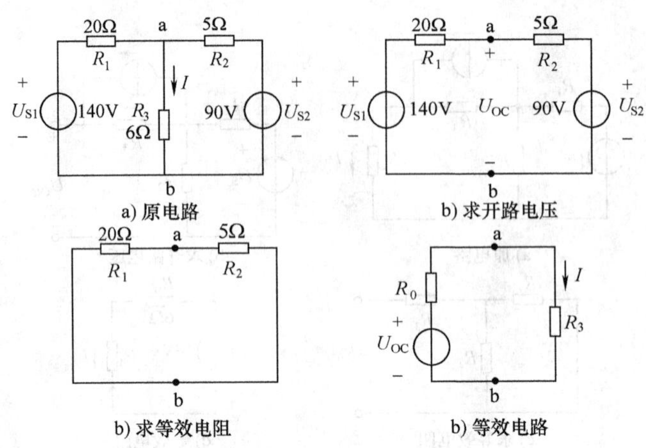

图 2-12　例 2-7 图

【知识链接】

导线的连接和绝缘层恢复

一、导线线头绝缘层的剖削

1. 塑料硬线绝缘层的剖削

芯线截面积在 $4mm^2$ 及以下的塑料硬线，一般选用钢丝钳剖削绝缘层。在线头所需长度处用钢丝钳钳口轻轻切割绝缘层，然后用左手拉紧导线，右手握住钢丝钳头部用力向外勒去绝缘层。在剖削绝缘层时，不能伤及线芯，若损伤较大则应重新剖削。

芯线截面积在 $4mm^2$ 以上的塑料硬线，可选用电工刀剖削绝缘层。在线头所需长度处用电工刀以与导线成45°的角度切入塑料绝缘层；然后调整刀口方向，使刀面与导线保持 25° 向前推进，削去上面的一层绝缘层（**注意**：*不要伤及线芯*）；接着将未削去的下面一层绝缘层向后扳翻，再用电工刀切齐即可，如图 2-13 所示。

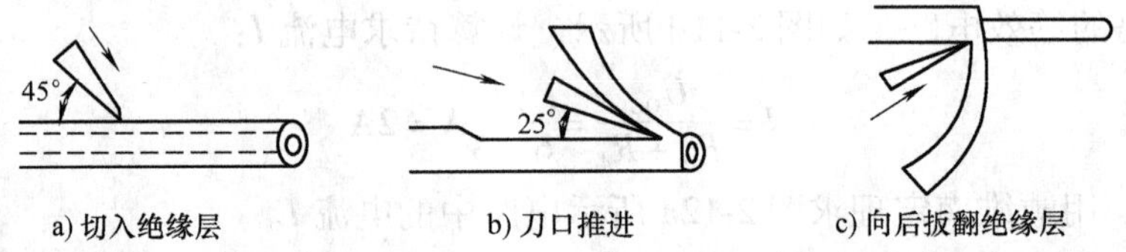

图 2-13　塑料硬线绝缘层的剖削

2. 塑料软线绝缘层的剖削

塑料软线绝缘层的剖削可选用剥线钳或钢丝钳，不可选用电工刀。因为这种线太软，且线芯由多股钢丝组成，用电工刀很容易伤及线芯。

选用钢丝钳时，可按剖削 $4mm^2$ 及以下截面积的塑料硬线的方法进行。在用力向外勒去绝缘层过程中，左手食指可绕上一圈导线，采用左手勒、右手抽的方法将绝缘层剥离线芯。

3. 塑料护套线绝缘层的剖削

对于这种导线，外层的公共护套层必须用电工刀剖削，内部每根芯线的绝缘层剖削方法同塑料硬线。

按线头所需长度，用电工刀刀尖对准护套层中缝划开护套层，然后向后扳翻护套层，再用电工刀齐根切去，如图 2-14 所示。切去护套层后，在线头端距离护套层 5～10mm 处，剖削内部芯线绝缘层。

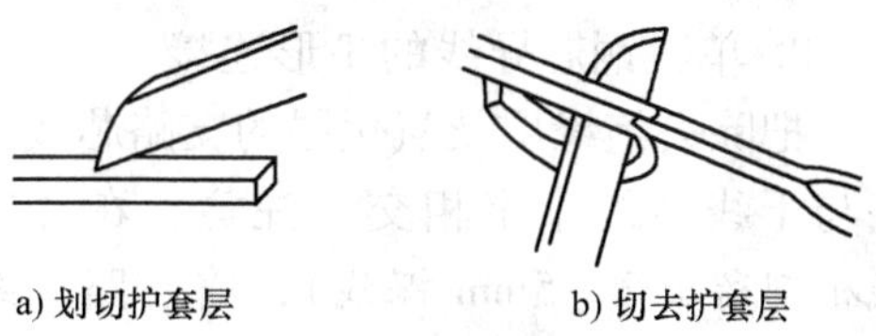
a) 划切护套层　b) 切去护套层

图 2-14　塑料护套线公共护套层的剖削

4. 橡皮软线绝缘层的剖削

用电工刀从橡皮软线端头芯线缝隙中割破部分橡皮护套层，反向分拉分成两半的橡皮护套层至所需长度，在根部分别切断。**注意**：护套层内部的麻线不应随橡皮护套层在切口根部同时剪去，应扣结加固，使麻线承受外界拉力，保护导线线头。

5. 铅包线绝缘层的剖削

铅包线绝缘层分为外部铅包层和内部芯线绝缘层。先用电工刀在铅包层切一刀，如图 2-15a 所示；然后来回扳动切口处，将铅包层从切口处折断，从线头上拉出即可，如图 2-15b 所示；内部芯线绝缘层的剖削方法与塑料硬线绝缘层的剖削方法相同，如图 2-15c 所示。

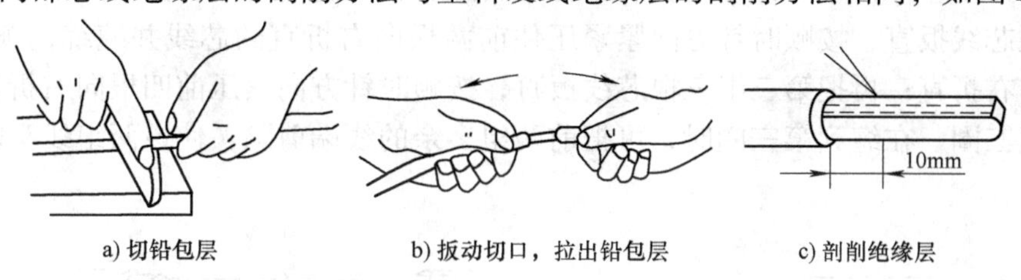

a) 切铅包层　b) 扳动切口，拉出铅包层　c) 剖削绝缘层

图 2-15　铅包线绝缘层的剖削

6. 漆包线绝缘层的去除

喷涂在芯线上绝缘漆层的去除方法应根据线径的不同有所区别。直径在 1mm 及以上的，可用细砂纸或细纱布擦去；直径在 0.6～1mm 之间的，可用薄刀片刮去；直径在 0.6mm 及以下的，也可用细砂纸或细纱布擦除，但要小心操作，防止折断。有时为了保持漆包线的芯线直径准确以便测量，也可用微火烤焦其线头绝缘层，再轻轻刮去。

二、铜芯导线线头的连接

当导线的长度不够或需要分接支路时，常常对导线线头进行连接。常用的导线因芯线股数不同，连接方法也各不相同。对导线线头进行连接时，要求保证良好的电接触、足够的机械强度、耐腐蚀性及接头美观等条件。

1. 单股铜芯导线的直接连接

将已剖除绝缘层及氧化层的两根线头呈 X 形相交，互相绞绕 2～3 圈，扳直两线头，将每根线头在对边的芯线上紧密缠绕 6 圈，然后用钢丝钳剪去多余的线头，并钳平芯线末端及切口处的毛刺，如图 2-16 所示。

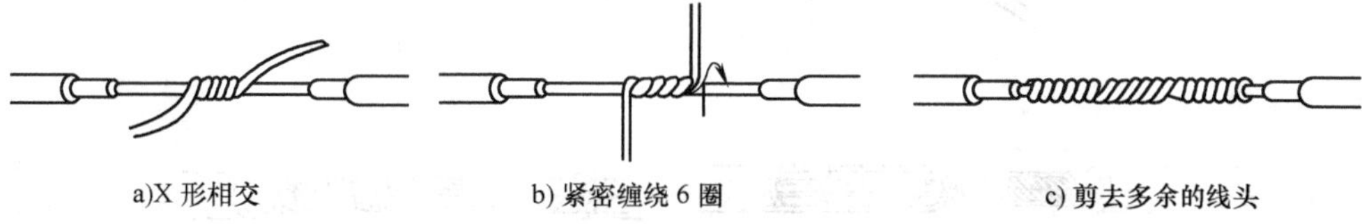
a)X 形相交　b) 紧密缠绕 6 圈　c) 剪去多余的线头

图 2-16　单股铜芯导线的直接连接

2. 单股铜芯导线的 T 形连接

把除去绝缘层及氧化层的支路芯线的线头与干线芯线十字相交（**注意：在支路芯线根部留出 3 ~ 5mm 裸线**），将支路芯线按顺时针方向紧贴干线芯线紧密缠绕 6 ~ 8 圈，用钢丝钳剪去余下的芯线，并钳平芯线末端及切口处的毛刺，如图 2-17 所示。

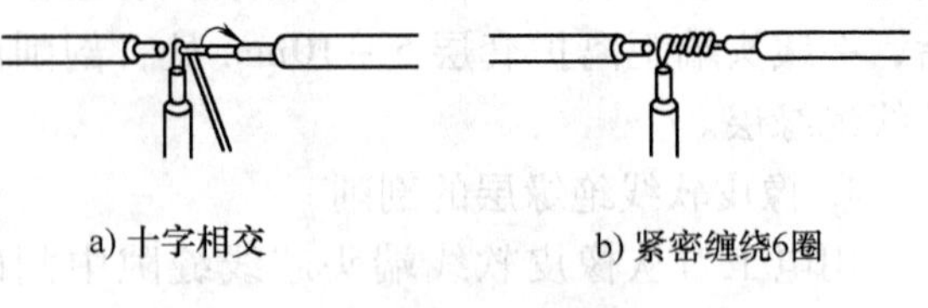

图 2-17　单股铜芯导线的 T 形连接

3. 七股铜芯导线的直接连接

七股铜芯导线的直接连接如图 2-18 所示。露出剥去绝缘层的芯线线头，松散开芯线，并钳直每股芯线，然后从绝缘层根部开始绞紧 1/3 段的芯线线头，把余下的线头分散成伞形，拉直每根芯线。把两个伞形芯线线头相对，隔股交叉直至伞形根部相接，捏平交叉插入的芯线。把交叉之后左边的芯线按两根、两根、三根分成三组，先将第一组两根芯线扳到垂直于线头的方向，并按顺时针方向缠绕，缠绕两圈后，把它们向右折直使其紧贴芯线；再把第二组两根芯线扳直，按顺时针方向紧紧压住前两根向右折直的芯线并缠绕，缠绕两圈后，也把它们向右折直；再把第三组三根芯线扳直，按顺时针方向紧压前四根向右折直的芯线并缠绕，缠绕三圈。在缠到第三圈时，可把前两组多余的线端剪除，使该两组线头断面能被最

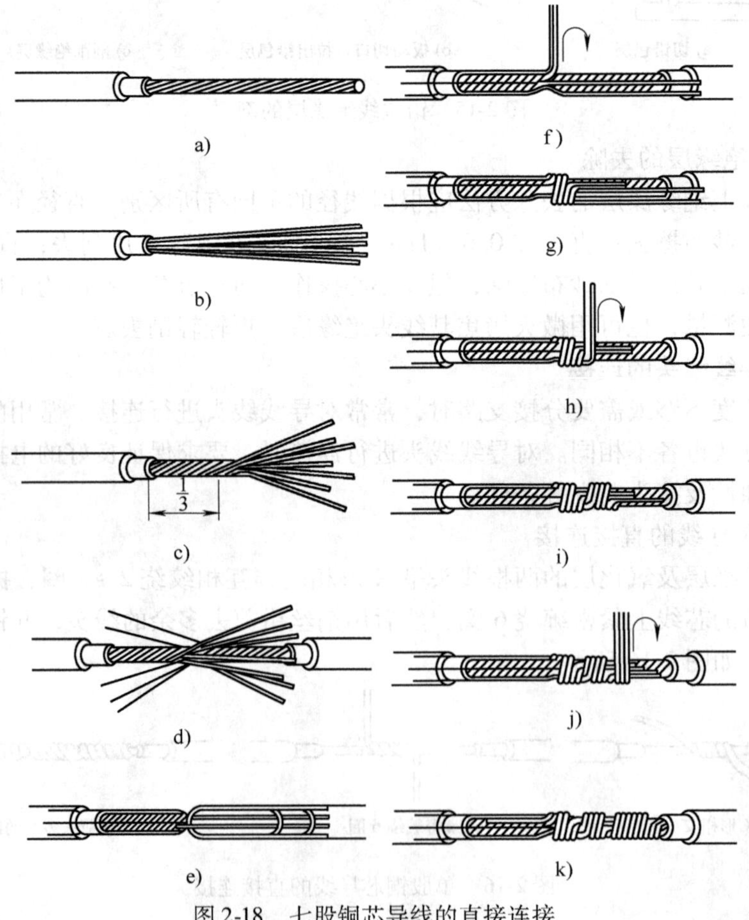

图 2-18　七股铜芯导线的直接连接

后一组线头第三圈缠绕完的线匝遮住，缠绕三圈后切去多余芯线，钳平线端，左边芯线缠绕完毕。用同样的方法再缠绕交叉之后右边的芯线。

4. 七股铜芯导线的 T 形连接

七股铜芯导线的 T 形连接如图 2-19 所示。把去除绝缘层和氧化层的支路芯线线头分散拉直，然后从绝缘层根部开始绞紧 1/8 段的芯线线头，将支路芯线线头按三根和四根分成两组并整齐排列。接着用一字形螺钉旋具把露出芯线的干线也一分为二，一组三根，一组四根，并在中缝处撬开一定距离，把一组支路芯线（三根）插入干线芯线中，另一组排于干路芯线的前面。将前面一组芯线在干线上按顺时针方向缠绕 3 ~ 4 圈，剪去多余芯线，钳平线端；接着将支路芯线的另一组在干线上按逆时针方向缠绕 3 ~ 4 圈，剪去多余芯线，钳平线端即可。

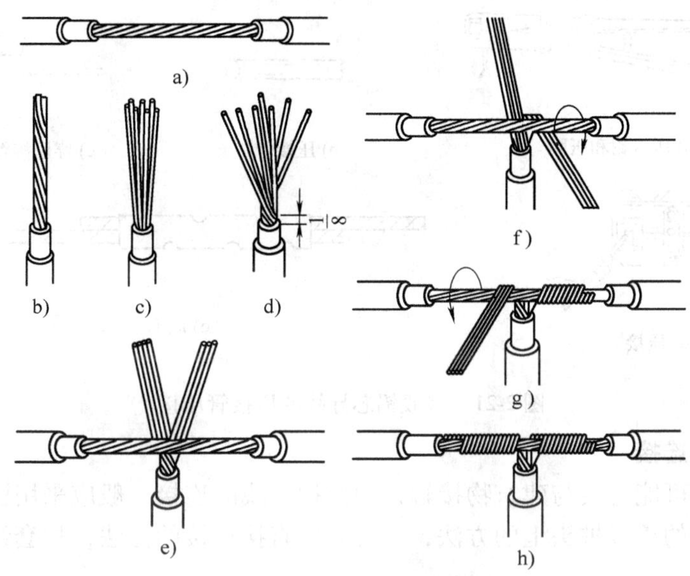

图 2-19　七股铜芯导线的 T 形连接

三、铝芯导线线头的连接

由于铝材料表面极易氧化，而且铝氧化膜的电阻率很高，因此除小截面的铝芯导线外，其余铝芯导线的连接常采用螺钉压接法、压接管压接法和沟线夹螺钉压接法三种方法。下面介绍前两种方法。

1. 螺钉压接法

将铝芯导线的绝缘层除去后，用钢丝刷刷去铝芯导线线头的氧化膜，涂上中性凡士林后，将线头插入瓷接头或熔丝、插座、开关等的接线桩上，然后旋紧压接螺钉。图 2-20a 所示为在瓷接头上直线连接，图 2-20b 所示为在瓷接头上分路连接。

螺钉压接法适用于负荷较小的单股铝芯导线的连接。

2. 压接管压接法

压接管压接法也叫套管压接法，需要用压接钳和压接管，适用于负荷较大的多股铝芯导线的直接连接。压接钳和压接管如图 2-21a、b 所示。

首先，根据多股铝芯导线的规格选择合适的压接管，清除铝芯导线表面和压接管内壁的氧化层，涂上中性凡士林；再将两根铝芯导线线头相对插入并穿出压接管，使两线端各自穿

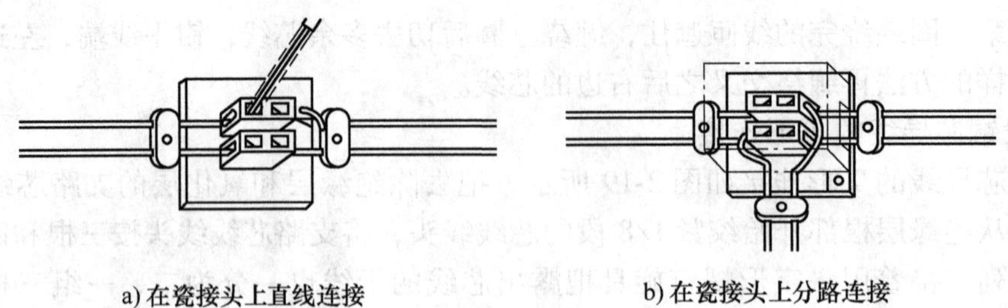

a) 在瓷接头上直线连接　　b) 在瓷接头上分路连接

图 2-20　单股铝芯导线的螺钉压接法

出压接管 25～30 mm，然后进行压接；压接时，第一道压坑应在铝芯线头一侧，不可压反，如图 2-21c、d 所示。压接完成后的铝芯导线如图 2-21e 所示。

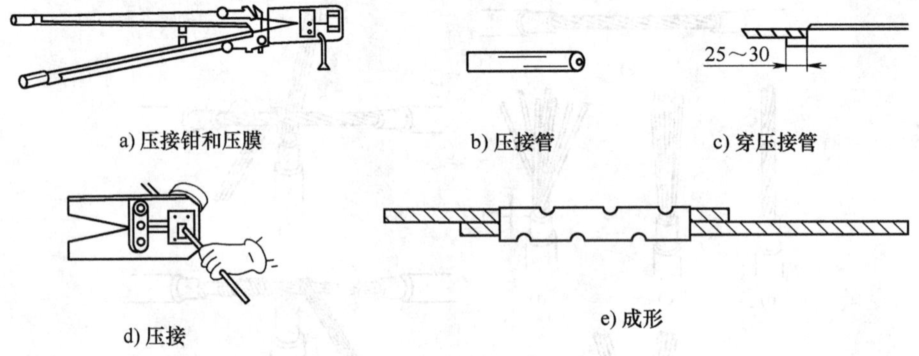

a) 压接钳和压膜　　b) 压接管　　c) 穿压接管

d) 压接　　e) 成形

图 2-21　多股铝芯导线的压接管压接

四、护套线的连接

由于保护层套可能直接与建筑物接触，因此护套线的连接一般应采用瓷接头或加接到附近的插座及保险盒的接线桩头上的方法，不宜采用直接连接的方法，护套线的连接如图 2-22 所示。

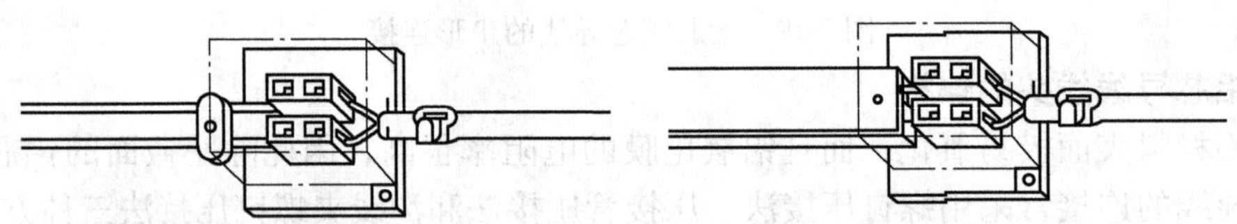

a) 护套线与瓷夹配线导线的连接　　b) 护套线与木槽板配线导线的连接

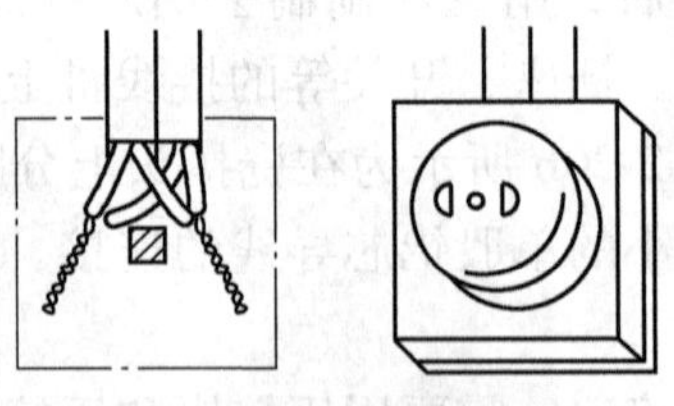

c) 护套线接在接线桩上

图 2-22　护套线的连接

五、导线与接线桩的连接

常见的接线桩有针孔式接线桩和螺钉压接式接线桩。

1. 导线与针孔式接线桩的连接

芯线较粗时，直接把芯线插入针孔，旋紧螺钉即可；芯线较细时，可把芯线折成双股，再插入针孔；对于多股芯线，必须先绞紧，再插入针孔，以保证压紧螺钉顶压时芯线不致松散。如图 2-23a 所示。

将芯线插入针孔时，绝缘层不能进入针孔，要注意将导线插到底，针孔外裸线头的长度不得超过 3mm。

2. 导线与螺钉压接式接线桩的连接

对于单股芯线，应先将芯线线头弯成接线圈并套在螺钉上，再旋紧螺钉；对于多股芯线，应先把芯线线头制作成压接圈套在螺钉上，再旋紧螺钉。如图 2-23b 所示。

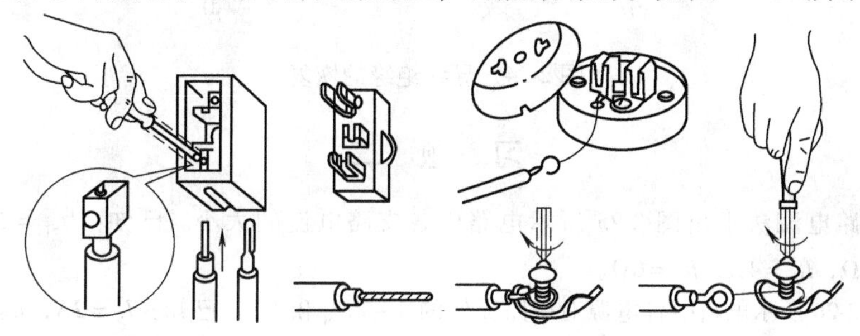

a) 导线与针孔式接线桩的连接　　b) 导线与螺钉压接式接线桩的连接

图 2-23　导线与接线桩的连接

六、导线绝缘层的恢复

为了保证用电安全，导线的绝缘层破损后，必须恢复。在导线连接完毕后，导线连接前所破坏的绝缘层也必须恢复，且恢复后的绝缘强度一般不应低于剖削前的绝缘强度。

对于电力线绝缘层的恢复，一般选用黄蜡带、涤纶薄膜带和黑胶带（黑胶布）三种材料。为了包缠方便，一般选用 20mm 宽的黄蜡带和黑胶带。

1. 包缠方法

如图 2-24 所示，将黄蜡带从导线左边完整的绝缘层上开始包缠，包缠两倍带宽宽度（40mm）后方可进入无绝缘层的芯线部分。包缠时，黄蜡带与导线保持约 55°的倾斜角，每圈压叠前一圈的宽度约为带宽的 1/2。包缠一层黄蜡带后，将黑胶带接在黄蜡带的尾端，朝相反方向斜叠包缠一层黑胶带，后一圈仍压叠前一圈 1/2 带宽宽度。

2. 包缠要求

对 380V 线路上的导线恢复绝缘时，必须先包缠 1 ~ 2 层黄蜡带，然后再包缠一层黑胶带；对 220V 线路上的导线恢复绝缘时，应先包缠一层黄蜡带，然后再包缠一层黑胶带，也可只包缠两层黑胶带。绝缘带包缠时，不能过疏，更不允许露出芯线。包缠时绝缘带要拉紧，包缠要紧密、坚实，并粘接在一起。绝缘带不可放在温度很高的地方，也不可浸染油类。

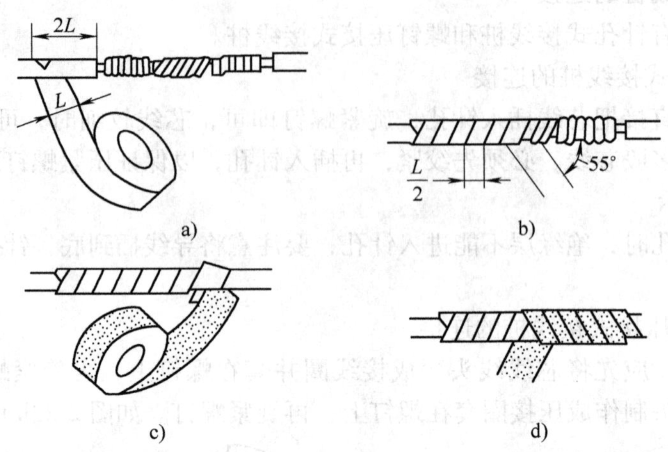

图 2-24　导线绝缘的恢复

习　题　二

2-1　试用支路电流法求出图 2-25 所示电路中各支路电流的大小。已知：$U_{S1}=10V$，$U_{S2}=12V$，$U_{S3}=16V$，$R_1=2\Omega$，$R_2=4\Omega$，$R_3=6\Omega$。

2-2　试求图 2-26 所示电路中各电源对电路提供的功率 P_{S1} 和 P_{S2}。已知：$I_S=2A$，$U_S=2V$，$R_1=3\Omega$，$R_2=R_3=2\Omega$。

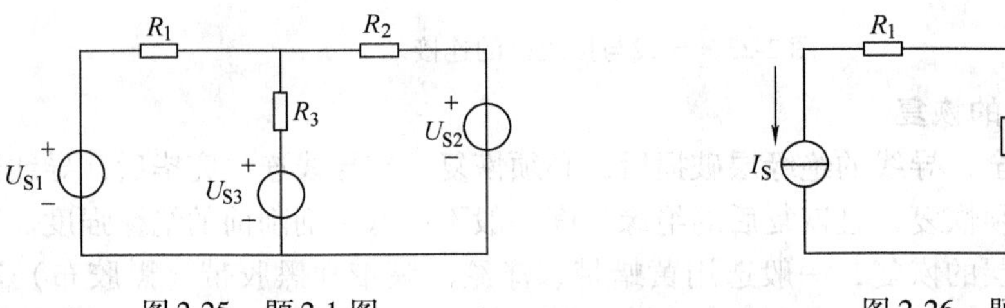

图 2-25　题 2-1 图　　图 2-26　题 2-2 图

2-3　电路如图 2-27 所示，求电流 I 和电压 U。

2-4　电路如图 2-28 所示，已知：$I_1=-1A$，$U_{S1}=20V$，$U_{S2}=40V$，$R_1=4\Omega$，$R_2=10\Omega$，求电阻 R_3。

图 2-27　题 2-3 图　　图 2-28　题 2-4 图

2-5　在图 2-29 所示电路中，已知 $U_{ab}=0V$，求电压源电压 U_S。

2-6　求图 2-30a 所示电路中的电压 U 和图 2-30b 所示电路中的电流 I。

2-7　电路如图 2-31 所示，（1）说出电路的节点数和回路数；（2）列出支路电流法的方程。

2-8　用支路电流法求图 2-32 所示电路的电压 U。

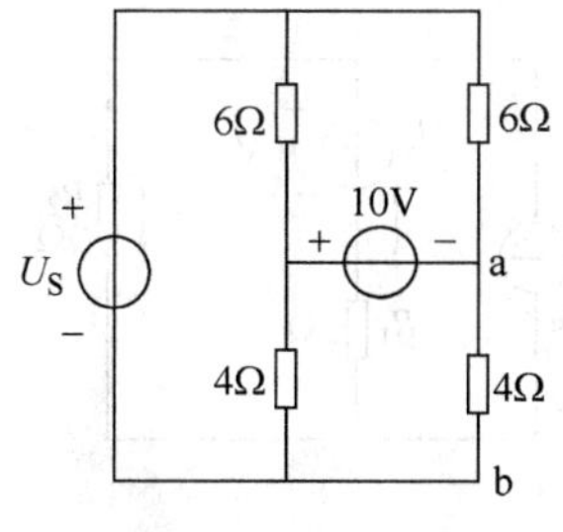

图 2-29 题 2-5 图

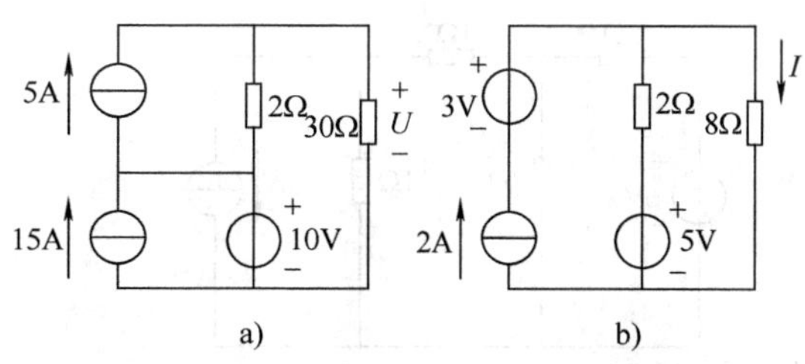

图 2-30 题 2-6 图

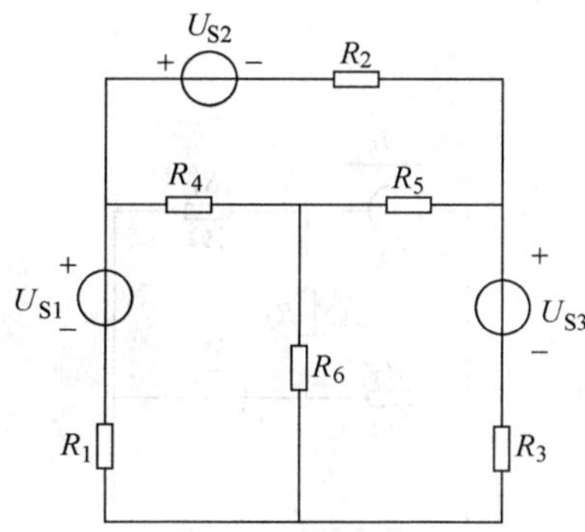

图 2-31 题 2-7 图

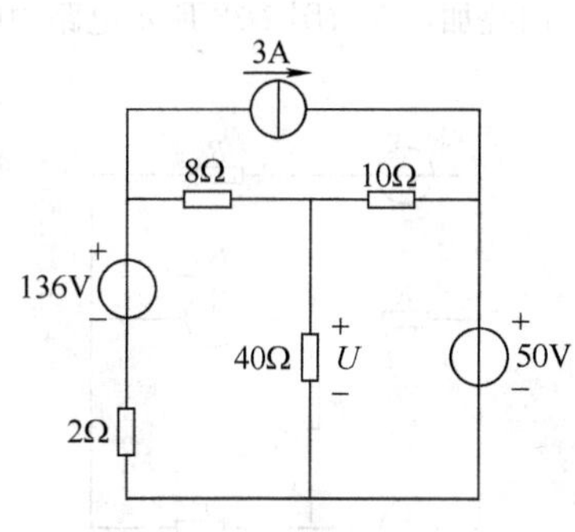

图 2-32 题 2-8 图

2-9 电路如图 2-33 所示，用叠加定理求 I_X。

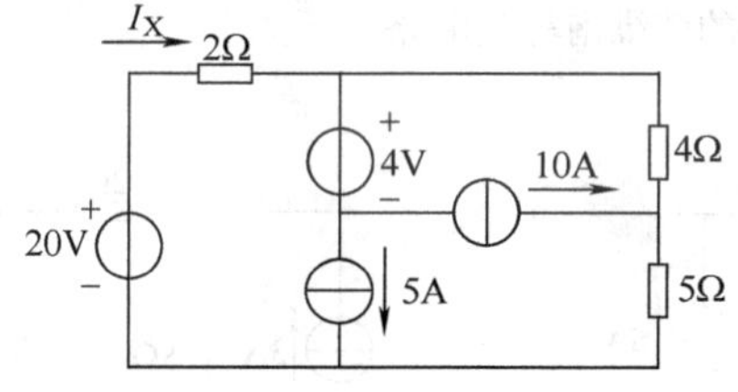

图 2-33 题 2-9 图

2-10 试用戴维南定理求图 2-34 所示电路的电流 I。

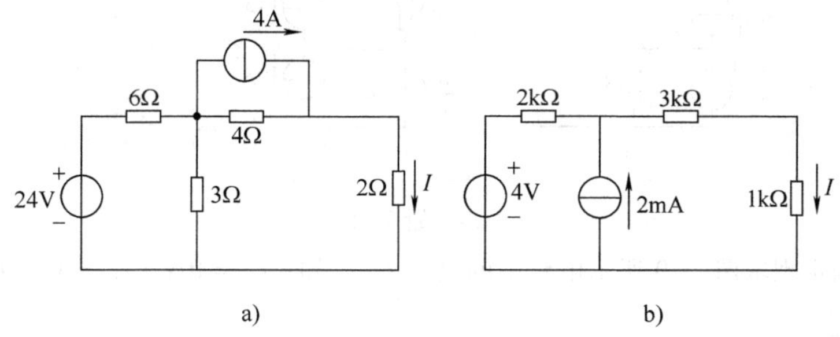

图 2-34 题 2-10 图

2-11 用支路电流法求图 2-35 中各支路的电流，用戴维南定理求图 2-35 中理想电流源两端的电压。

2-12 用叠加定理求图 2-36 所示电路中的 I_1 和 I_2。

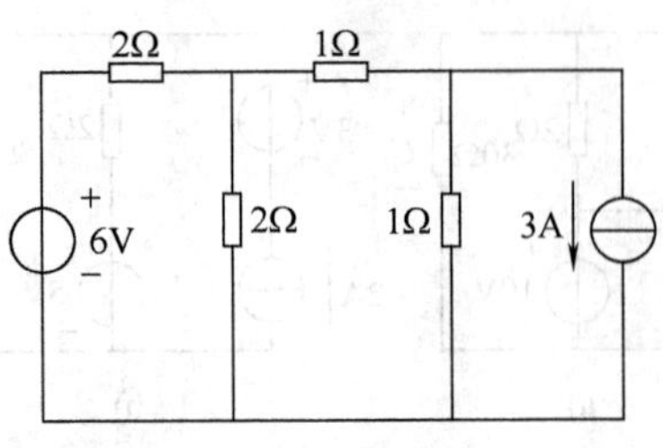

图 2-35　题 2-11 图

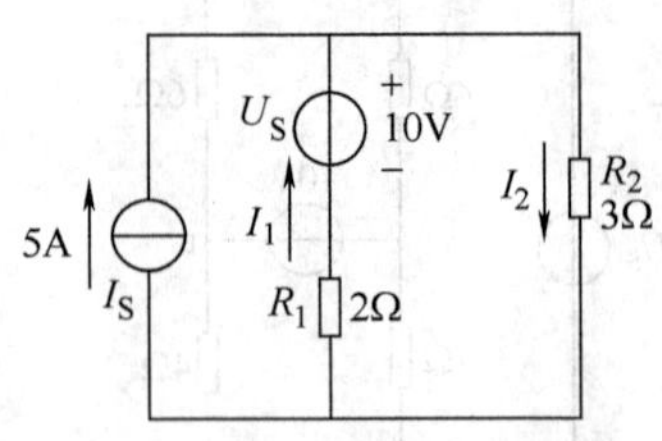

图 2-36　题 2-12 图

2-13　如图 2-37 所示，当 $U_S=16V$ 时，$U_{ab}=8V$，试用叠加定理求 $U_S=0V$ 时的 U_{ab}。

2-14　用叠加定理求图 2-38 所示电路中的电流 I。

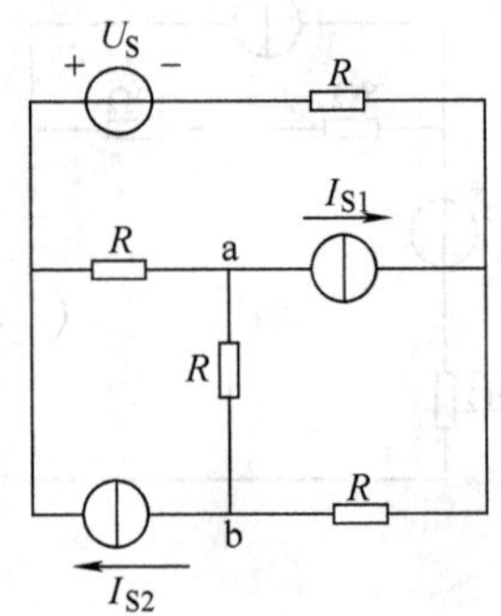

图 2-37　题 2-13 图

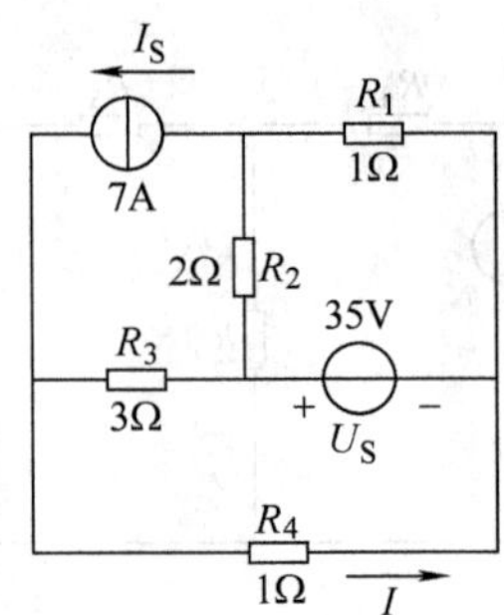

图 2-38　题 2-14 图

2-15　画出图 2-39 所示各电路的戴维南等效电路。

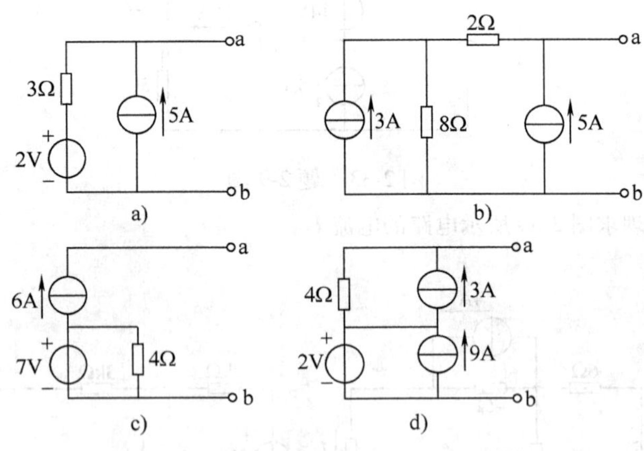

图 2-39　题 2-15 图

2-16　用戴维南定理求图 2-40 所示电路中的电流 I。已知：$U_S=10V$，$I_{S1}=3A$，$I_{S2}=5A$，$R_1=2\Omega$，$R_2=3\Omega$，$R_3=4\Omega$。

2-17　用戴维南定理求图 2-41 所示电路中的电流 I。

2-18　电路如图 2-42 所示，用戴维南定理求电流 I。

2-19　电路如图 2-43 所示，已知 $R_1=5\Omega$ 时获得的功率最大，试问电阻 R 是多大？

2-20　电路如图 2-44 所示，已知 $U=2V$，求电阻 R。

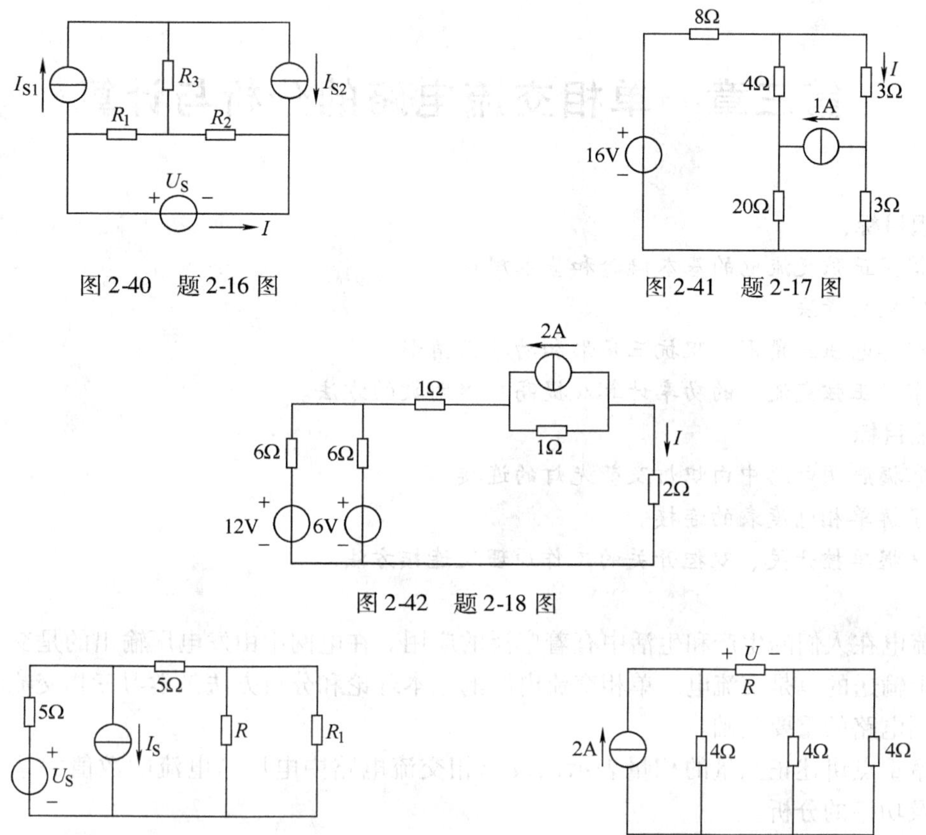

图 2-40　题 2-16 图

图 2-41　题 2-17 图

图 2-42　题 2-18 图

图 2-43　题 2-19 图

图 2-44　题 2-20 图

第三章　单相交流电路的分析与计算

知识目标：

- 掌握正弦交流电的基本概念和基本规律。
- 掌握相量法。
- 理解电压三角形、阻抗三角形和功率三角形。
- 掌握正弦交流电的功率计算及提高功率因数的方法。

技能目标：

- 掌握照明电路中白炽灯及荧光灯的连接。
- 了解单相电度表的连接。
- 掌握单控开关、双控开关的工作原理及连接方法。

交流电在人们的生产和生活中有着广泛的应用。在电网中由发电厂输出的是交流电，输电线路上输送的也是交流电。单相交流电路的基本理论和分析方法是学习三相交流电路及电动机控制电路的重要基础。

本章重点讲述正弦量的相量表示法及单相交流电路中电压与电流的数值关系、相位关系，以及功率的分析。

第一节　正弦交流电

交流电压、电流与直流电压、电流不同，它们的大小和方向随时间不断变化。常用的交流电是正弦交流电，即电压和电流的大小和方向随时间按正弦规律变化，如图 3-1 所示的正弦交流电压波形。正弦交流电压、正弦交流电流等物理量，常统称为正弦量。

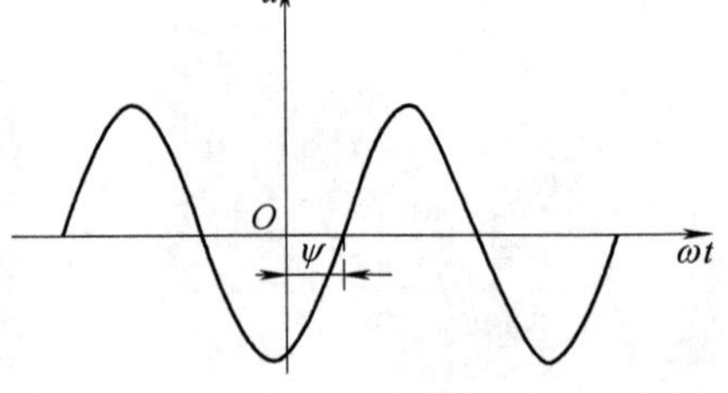

图 3-1　正弦交流电压波形

电气工程上常采用正弦交流电，除了它易于产生、转换和传输外，还由于几个同频率正弦量之和或者之差仍为同频率的正弦量，以及正弦量的导数或者积分仍为频率不变的正弦量。因此，在分析线性电路时，电路中各部分的电压和电流都是同频率的正弦量，会使计算和分析都非常方便。另外，电动机、变压器等电气设备在正弦交流电的作用下具有较好的性能。工程上所说的交流电，通常都是指正弦交流电。

正弦交流电在某一瞬间的值称为瞬时值，规定用小写字母表示。e 、u 、i 分别表示电动势、电压和电流的瞬时值。

图 3-2 是一条正弦交流电流随时间变化的曲线，其数学表达式为

$$i = I_m \sin(\omega t + \psi) \tag{3-1}$$

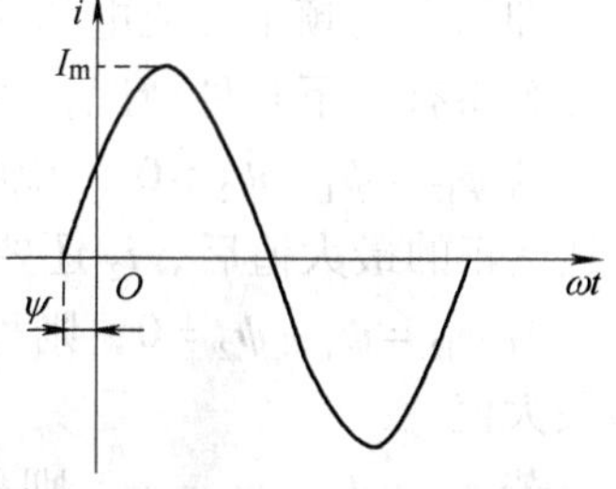

图 3-2　正弦交流电的三要素

式中，i 为正弦交流电流的瞬时值；I_m 为正弦交流电流的最大值；ω 为正弦交流电流的角频率；ψ 为初相位；t 为时间。

在图 3-2 中，I_m、ω 和 ψ 是正弦量之间进行比较和区分的依据，称为正弦量的三要素。下面就来学习正弦交流电的三要素。

一、正弦交流电的三要素

1. 最大值

正弦交流电在每个周期变化过程中出现的最大瞬时值称为幅值，也称为最大值。正弦交流电的幅值不随时间的变化而变化，它反映了正弦交流电交变的幅度。正弦交流电最大值用带下标 m 的大写字母表示，如 I_m、U_m、E_m 分别表示正弦交流电流、正弦交流电压及正弦交流电动势的最大值。

2. 角频率（ω）

正弦交流电变化一周所需要的时间称为周期，用字母 T 表示，单位为秒（s）。在每秒内完成周期性变化的次数称为频率，用 f 表示，单位为赫兹（Hz）。在我国，工频频率为 50Hz。

正弦交流电变化一周相当于角度变化了 2π rad 或 360°，正弦交流电每秒所变化的角度称为角频率。角频率通常用 ω 来表示，单位是弧度/秒（rad/s）。

周期、频率和角频率都是用来描述正弦交流电交变快慢的物理量，它们之间的关系是

$$T = \frac{1}{f} \tag{3-2}$$

$$\omega = 2\pi f = \frac{2\pi}{T} \tag{3-3}$$

3. 初相位（ψ）

式（3-1）中的（$\omega t+\psi$）称为正弦交流电的相位，表示正弦交流电在某一时刻所处的状态，它决定了正弦交流电瞬时值的相对幅度和方向。$t=0$ 时刻的相位称为初相位，简称初相。初相反映了正弦交流电起始时刻的状态，单位是度（°）或者弧度（rad）。一般初相选择范围为 $-\pi \leqslant \psi \leqslant \pi$。改变起始时刻，正弦交流电的初相就会随之发生改变。

最大值、角频率和初相位分别反映了正弦交流电变化的幅度、快慢和起始时刻的情况。这三个数值确定之后，正弦交流电的变化情况也就完全确定了，因此，把最大值、角频率和初相位称为正弦交流电的三要素。

二、相位差

两个同频率交流电的相位之差称为相位差，用 φ 来表示。如有两个正弦交流电流分别为

$$i_1 = I_{1m}\sin(\omega t + \psi_1)$$
$$i_2 = I_{2m}\sin(\omega t + \psi_2)$$

则 i_1、i_2 的相位差为

$$\varphi_{12} = (\omega t + \psi_1) - (\omega t + \psi_2) = \psi_1 - \psi_2 \tag{3-4}$$

即两个同频率交流电的相位差等于它们的初相之差，相位差的取值范围为 $-\pi \leqslant \psi \leqslant \pi$。相位关系有如下几种情况，现分别进行讨论。

若 $\varphi_{12}=\psi_1-\psi_2>0$ ，说明 i_1 的相位超前 i_2 的相位，简称 i_1 超前 i_2。如图 3-3a 所示，当 i_1 到达正的最大值后，i_2 还要经过一段时间后才能到达正的最大值，也可称为 i_2 滞后 i_1。

若 $\varphi_{12}=\psi_1-\psi_2=0$，则称 i_1、i_2 同相位，简称同相。如图 3-3b 所示，i_1、i_2 同时到达正的最大值。

若 $\varphi_{12}=\psi_1-\psi_2=\pi$，则称 i_1、i_2 反相位，简称反相。如图 3-3c 所示，当 i_1 到达正的最大值时，i_2 刚好到达负的最大值。

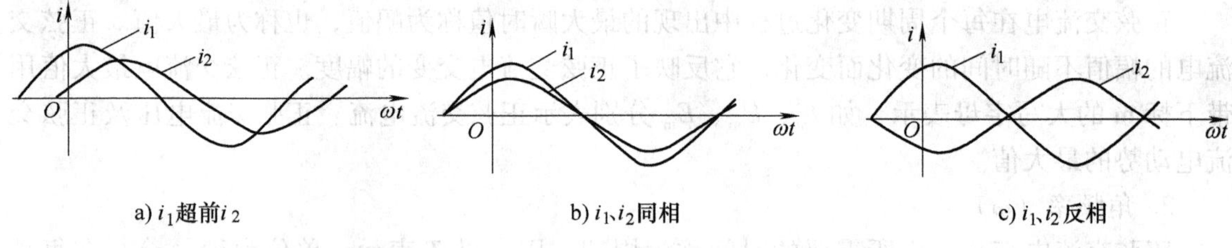

图 3-3　相位差

相位差的实质是时间差。若两个同频率交流电之间存在相位差，则说明它们彼此到达正的最大值（或零值，或负的最大值）的时间有差异。时间差可由相位差与角频率的比值求得，即

$$t_{12}=\frac{\omega_{12}}{\omega} \tag{3-5}$$

如果两个同频率交流电的相位差为 30°，则时间差为

$$t_{12}=\frac{\varphi_{12}}{\omega}=\frac{30°\pi/180°}{2\pi/T}=\frac{T}{12}$$

三、有效值

交流电的瞬时值是随时间而变化的，因此不方便用瞬时值计量其大小。在电工技术中，一般是用有效值来表示交流电的大小。

有效值是根据电流的热效应来确定的。让交流电流和直流电流分别通过具有相同阻值的电阻，如果在同样的时间内所产生的热量相等，那么就把该直流电流的大小称为交流电流的有效值。有效值的确定如图 3-4 所示。

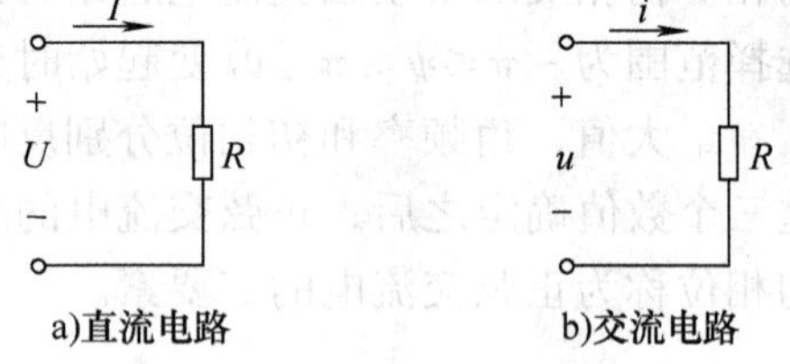

图 3-4　有效值的确定

假设交流电流 i 在一个周期 T 内，通过电阻 R 所产生的热量为

$$Q=\int_0^T i^2 R\mathrm{d}t$$

直流电流 I 在相同时间内通过等值电阻 R 所产生的热量为

$$Q=I^2RT$$

若两者相等，即

$$\int_0^T i^2 R\mathrm{d}t = I^2 RT$$

则可得

$$I = \sqrt{\frac{1}{T}\int_0^T i^2 \mathrm{d}t} \tag{3-6}$$

这就是交流电流有效值的一般定义式，交流电的有效值也叫方均根值。

有效值用大写字母表示，E 、U 、I 分别表示交流电动势、交流电压和交流电流的有效值。对于正弦交流电流，设 $i = I_{\mathrm{m}}\sin\omega t$ ，则有

$$I = \sqrt{\frac{1}{T}\int_0^T i^2 \mathrm{d}t} = \sqrt{\frac{1}{T}\int_0^T (I_{\mathrm{m}}\sin\omega t)^2 \mathrm{d}t} = \frac{I_{\mathrm{m}}}{\sqrt{2}} = 0.707 I_{\mathrm{m}} \tag{3-7}$$

同理可得，正弦交流电动势的有效值为

$$E = \frac{E_{\mathrm{m}}}{\sqrt{2}} = 0.707 E_{\mathrm{m}}$$

正弦交流电压的有效值为

$$U = \frac{U_{\mathrm{m}}}{\sqrt{2}} = 0.707 U_{\mathrm{m}}$$

综上所述，正弦交流电的有效值是最大值的 $1/\sqrt{2}$。引入有效值后，正弦交流电的表达式可表示为

$$i = \sqrt{2} I \sin(\omega t + \psi) \tag{3-8}$$

通常，电气设备上所标的额定电压和额定电流都是指有效值，一般交流电压表和交流电流表的读数也都是指有效值。

[例 3-1]　已知某正弦电压的最大值 $U_{\mathrm{m}} = 310\mathrm{V}$，初相 $\psi = 30°$，频率 $f = 50\mathrm{Hz}$，写出它的瞬时值表达式，并求出它的有效值。

解：电压的瞬时值表达式为

$$\begin{aligned} u &= U_{\mathrm{m}}\sin(\omega t + \psi) \\ &= 310\sin(2\pi f t + \psi) \\ &= 310\sin(314t + 30°)\mathrm{V} \end{aligned}$$

电压的有效值为

$$U = 0.707 U_{\mathrm{m}} = 0.707 \times 310\mathrm{V} = 220\mathrm{V}$$

第二节　正弦量的相量表示法

由于用瞬时值表达式进行同频率正弦量的运算较为复杂，因此引出相量表示法对正弦交流电路进行分析计算。

一、正弦函数与有向线段

图 3-5a 所示为一个有向旋转线段 OA，设正弦交流电压 $u = U_{\mathrm{m}}\sin(\omega t + \psi)$ ，其波形如图 3-5b 所示。有向线段 OA 具有以下三个特点：

1）OA 的长度等于正弦交流电压的幅值 U_m；

2）OA 的初始角（$t=0$ 时，OA 与正向横轴之间的夹角）等于正弦电压 u 的初相位 ψ；

3）OA 以正弦交流电压的角频率 ω 沿逆时针方向旋转。

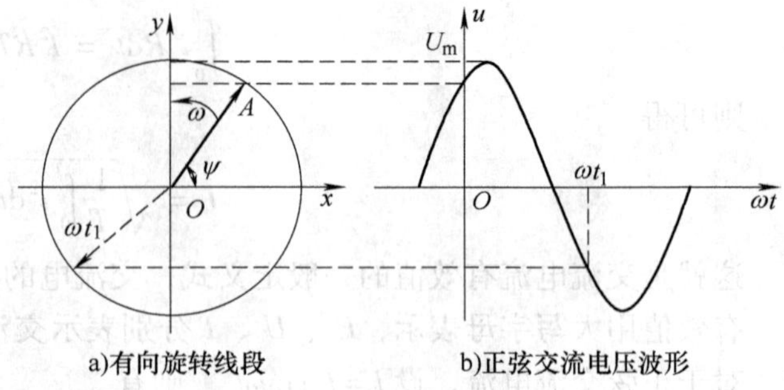

图 3-5　正弦量的表示方法

由此可见，有向旋转线段 OA 表示出了正弦量的幅值、角频率和初相位这三个要素，而且任一时刻 OA 在纵轴上的投影都等于该时刻正弦量的瞬时值。例如，当 $t=0$ 时，$u_0=U_m\sin\psi$；当 $t=t_1$ 时刻，$u_1=U_m\sin(\omega t_1+\psi)$。因此，一个正弦量可以用一个有向旋转线段来表示。

做图时，可令有向线段的长度等于正弦量的幅值（或有效值）；有向线段初始位置与横轴的夹角等于正弦量的初相位。由于在正弦交流电路中分析的是同频率正弦量之间的关系，所以可将角频率 ω 这个要素暂时略去，只考虑另外两个要素即可。有向线段也只是画出初始位置，其旋转轨迹（圆）不再画出。

二、相量表示法

正弦量可以用有向线段来表示，而有向线段又可用复数来表示，因此正弦量可以用复数来表示。

在图 3-6 中，复数 A 的长度记为 r，称为复数 A 的模；有向线段与正向实轴的夹角记为 ψ，称为复数 A 的辐角；有向线段在实轴上的投影 a 称为复数 A 的实部，在虚轴上的投影 b 称为复数 A 的虚部。

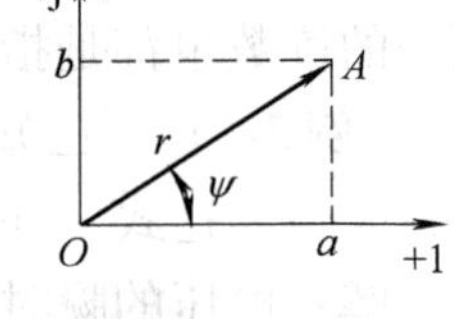

图 3-6　复数

1. 复数 A 的表示形式

（1）代数形式

$$A = a + \mathrm{j}b$$

式中，$\mathrm{j}=\sqrt{-1}$，称为虚数单位。

（2）三角形式

$$A = r\cos\psi + \mathrm{j}r\sin\psi = r(\cos\psi + \mathrm{j}\sin\psi)$$

式中，$r=\sqrt{a^2+b^2}$，$\psi=\arctan\dfrac{b}{a}$

（3）指数形式　根据欧拉公式

$$\mathrm{e}^{\mathrm{j}\psi} = \cos\psi + \mathrm{j}\sin\psi$$

可以把复数 A 写成指数形式，即

$$A = r\mathrm{e}^{\mathrm{j}\psi}$$

（4）极坐标形式

$$A = r\angle\psi$$

2. 复数的加减乘除运算法则

设有两个复数分别为

$$A=a_1+\mathrm{j}b_1=r_1\angle\psi_1=r_1\mathrm{e}^{\mathrm{j}\varphi_1}\quad B=a_2+\mathrm{j}b_2=r_2\angle\psi_2=r_2\mathrm{e}^{\mathrm{j}\varphi_2}$$

（1）加减运算　复数的加减运算通常用代数形式或三角函数式求解。三角函数式的计算过程较为复杂，此处只给出代数形式的求解方法，即

$$A\pm B=(a_1\pm a_2)+\mathrm{j}(b_1\pm b_2)$$

（2）乘除运算　A、B 两个复数相乘时，通常用指数形式或极坐标形式求解，即

$$AB=r_1\mathrm{e}^{\mathrm{j}\psi_1}r_2\mathrm{e}^{\mathrm{j}\psi_2}=r_1r_2\mathrm{e}^{\mathrm{j}(\psi_1+\psi_2)}$$

或

$$AB=r_1\angle\psi_1 r_2\angle\psi_2=r_1r_2\angle\psi_1+\psi_2$$

A、B 两个复数相除时，有

$$\frac{A}{B}=\frac{r_1\mathrm{e}^{\mathrm{j}\varphi_1}}{r_2\mathrm{e}^{\mathrm{j}\varphi_2}}=\frac{r_1}{r_2}\mathrm{e}^{\mathrm{j}(\varphi_1-\varphi_2)}\text{ 或 }\frac{A}{B}=\frac{r_1\angle\psi_1}{r_2\angle\psi_2}=\frac{r_1}{r_2}\angle\psi_1-\psi_2$$

3. 正弦量的相量表达式

若令复数的模等于正弦量的最大值（或有效值），令复数的辐角等于正弦量的初相位，则此复数必然可以对应表示一个正弦量。为了与一般的复数相区别，表示正弦量的复数称为相量，相量用顶部带有“·”的大写字母表示。用相量来表示相对应正弦量的方法称为相量表示法。

［例 3-2］　写出正弦电压 $u=U_\mathrm{m}\sin(\omega t+\psi)$ 的相量表达式。

解： 题中给出的是最大值，可直接写出其最大值相量表达式为

$$\dot{U}_\mathrm{m}=U_\mathrm{m}\angle\psi$$

由于 $u=U_\mathrm{m}\sin(\omega t+\psi)=\sqrt{2}U\sin(\omega t+\psi)$，因而也可写出其有效值相量表达式，即

$$\dot{U}=U\angle\psi$$

注意： $\dot{U}=U\angle\psi$ 与 $u=\sqrt{2}U\sin(\omega t+\psi)$ 是互为对应的关系，而不是相等关系，即当给定其中一个关系式时，就可写出与之相对应的另一个关系式。

相量包含最大值（或有效值）与初相位两个要素。引入正弦量的相量表示法，借助数学工具来分析正弦稳态电路，称为相量法。

相量法的实质是一种数学变换，是将时域中正弦时间函数的运算转换成频域中复数的运算。

三、相量图和相量的运算

1. 相量图

用有向线段把相量表示在复平面上就构成了相量图。可以画有效值的相量图，也可以画最大值的相量图。令有向线段的长度等于正弦量的有效值，有向线段的辐角等于正弦量的初相位。若初相位 $\psi>0$，则有向线段在正向实轴基础上逆时针旋转 ψ，即可获得正弦量的有效值相量图；若 $\psi<0$，则有向线段在正向实轴基础上顺时针旋转 ψ，即可获得正弦量的有效值相量图。若令有向线段的长度等于正弦交流电的最大值，则可得最大值相量图。

$i=\sqrt{2}I\sin(\omega t+\psi)$ 的相量图如图 3-7 所示，对应的有效值相量表达式为 $\dot{I}=I\angle\psi$。

［例 3-3］ 已知：电流 $i_1 = 15\sqrt{2}\sin(\omega t + 45°)$ A，$i_2 = 10\sqrt{2}\sin(\omega t - 30°)$ A，画出 i_1、i_2 及 $i = i_1 + i_2$ 的相量图。

解： 相量图如图 3-8 所示。

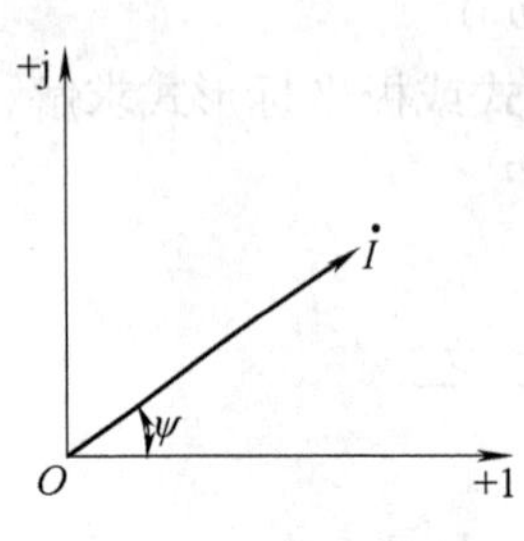

图 3-7 相量图

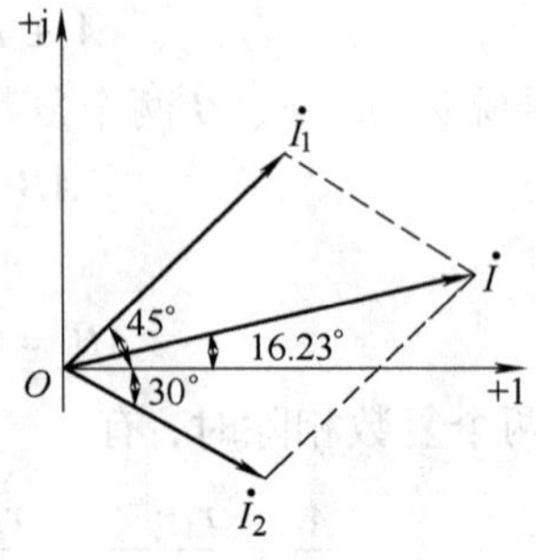

图 3-8 例 3-3 图

综上所述相量图的主要功能如下。

1）在相量图上能清楚地看出各个正弦量之间的相位关系，由于相位差的选择范围为 $-\pi \leqslant \varphi \leqslant \pi$，因此在比较两个相量的相位关系时，若一个相量相对于另一个相量在相量图的逆时针位置上，则说明该相量具有超前的相位；相对地，另一个相量就具有滞后的相位。

2）几个同频率正弦量的加减，可以借助于相量图用平行四边形法则或三角形法则进行运算。

说明： 只有正弦量才能用相量表示，只有同频率的正弦量才能画在同一相量图中，否则无法比较和计算。另外，在分析讨论相位关系时，往往只注重各正弦量之间的相位差，而不考虑彼此初相位的大小。由于各个相量均以同一角速度逆时针旋转，在任何时刻，各相量间的相位关系保持不变，因此在画相量图时，不必画出复平面上的实轴和虚轴，可以选取其中任一相量作为参考量，把它画在任意方向（习惯画在水平方向）上，然后再根据相量之间的相位关系画出其余相量。

如 $i = 14.1\sin\omega t$A，$u = 310\sin(\omega t + 90°)$ V，相量图如图 3-9 所示，三个相量图都是正确的。

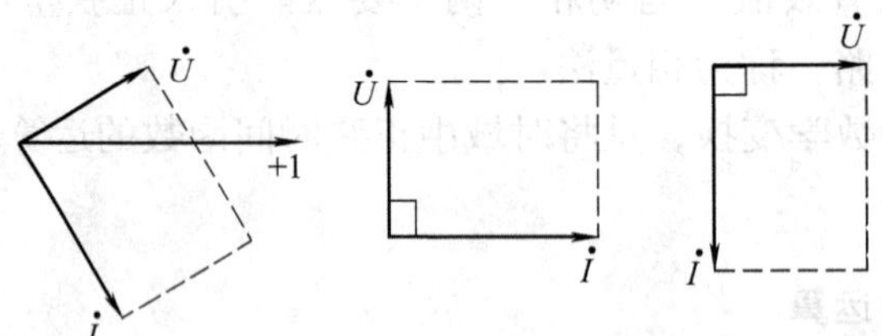

a)以正向实轴为参考量 b)以电流为参考量 c)以电压为参考量

图 3-9 相量图的几种表示形式

2. 相量的运算

正弦量用相量表示后，它们之间的运算即可按照复数的运算法则进行。

［例 3-4］ 已知：$u_1 = 50\sqrt{2}\sin(\omega t + 30°)$ V，$u_2 = 25\sqrt{2}\sin(\omega t - 40°)$ V，求：$u = u_1 + u_2$。

解： 因为

$$u = u_1 + u_2$$

所以

$$\dot{U} = \dot{U}_1 + \dot{U}_2$$

写出相量 $\dot{U}_1$、$\dot{U}_2$ 的代数表达式，即

$$\dot{U}_1 = 50 \angle 30° \text{V} = (43.3 + \text{j}25)\text{V}$$

$$\dot{U}_2 = 25 \angle -40° \text{V} = (19.15 - \text{j}16.07)\text{V}$$

运用复数相加法则，求出相量 $\dot{U}$ 的代数表达式及极坐标表达式

$$\begin{aligned}\dot{U} &= \dot{U}_1 + \dot{U}_2 \\ &= (43.3 + \text{j}25)\text{V} + (19.15 - \text{j}16.07)\text{V} \\ &= (62.45 + \text{j}8.93)\text{V} \\ &= 63.09 \angle 8.14° \text{V}\end{aligned}$$

对应写出 u 的瞬时值表达式，即

$$u = 63.09\sqrt{2}\sin(\omega t + 8.14°)\text{V}$$

第三节　单一参数元件的交流电路分析

在交流电路中，电压、电流的大小和方向都是交变的，因此在分析电路时，必须给定一个参考方向。同一电路上电压和电流的参考方向应一致，即关联参考方向。若交流电量在某一瞬时的参考方向与实际方向相同，则该时刻的瞬时值为正值；反之，为负值。在以下的推导过程中，元件两端的电压和流过元件的电流均采用关联参考方向。

在交流电路中重点分析的内容有两点：一是电路中电压与电流的关系，包括数值关系和相位关系；二是电路中的功率分析。

一、电阻元件的交流电路

由交流电源和电阻元件组成的电路称为纯电阻电路，如图 3-10 所示。

1. 电压与电流的关系

在每一瞬间，电阻两端的电压 u_R 与流过电阻 R 的电流 i 均遵从欧姆定律，即

$$i = \frac{u_R}{R}$$

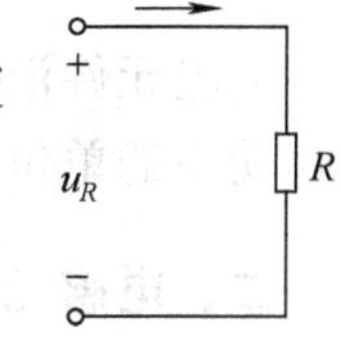

图 3-10　纯电阻电路

为了便于分析，设 $u_R = \sqrt{2}U_R\sin\omega t$，则

$$i = \frac{u_R}{R} = \frac{\sqrt{2}U_R\sin\omega t}{R} = \sqrt{2}I\sin\omega t \tag{3-9}$$

即在纯电阻电路中，电压与电流是同频率同相位变化的，它们的波形图和相量图如图 3-11 所示。

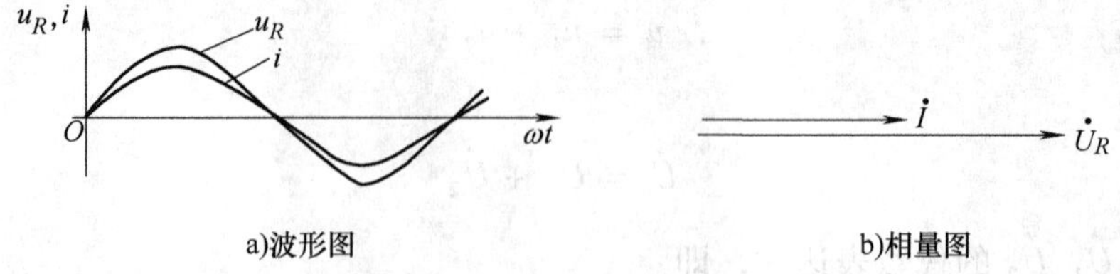

a)波形图 b)相量图

图 3-11 纯电阻电路中电压与电流的波形图和相量图

从式（3-9）可以看出：

$$I = \frac{U_R}{R} \text{ 或 } U_R = IR \tag{3-10}$$

说明电压有效值与电流有效值之间满足欧姆定律。

由于 $\dot{U}_R = U \angle 0°$，$\dot{I} = I \angle 0°$，则可得欧姆定律的相量表示形式为

$$\dot{U}_R = \dot{I} R \tag{3-11}$$

相量形式的欧姆定律既表示出电压与电流的数值关系，又表示出电压与电流的相位关系，因此，在交流电路的分析中应用十分广泛。

2. 功率关系分析

（1）瞬时功率 p 指瞬时电压与瞬时电流的乘积，即

$$p = u_R i = 2U_R I \sin^2 \omega t = U_R I(1 - \cos 2\omega t)$$

如图 3-12 所示，由于 $p \geqslant 0$，说明电阻元件是个耗能元件。

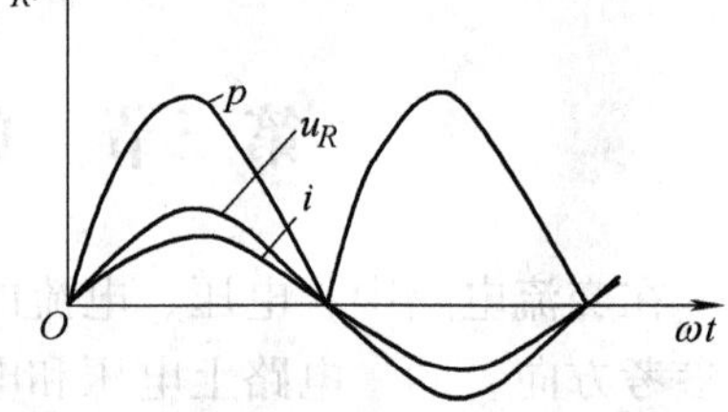

图 3-12 纯电阻电路功率

（2）平均功率（有功功率）P 指瞬时功率在一个周期内的平均值。

平均功率等于电阻元件在一个周期内所取用的电能 W 与周期 T 之比，即

$$\begin{aligned} P &= \frac{W}{t} = \frac{1}{T}\int_0^T p \mathrm{d}t \\ &= \frac{1}{T}\int_0^T U_R I(1 - \cos 2\omega t)\mathrm{d}t \\ &= U_R I = I^2 R = \frac{U_R^2}{R} \end{aligned}$$

电阻元件消耗电能说明电流做了功。从做功的角度来讲，又把平均功率叫做有功功率。有功功率的单位是瓦特，简称瓦（W）。通常铭牌数据或测量的功率均指有功功率。

二、电感元件的交流电路

忽略了电阻的空心线圈，可认为是纯电感线圈（即电感元件），接在交流电路中，就组成了纯电感电路，如图 3-13 所示。

1. 电压与电流的关系

在纯电感电路中，电压瞬时值与电流瞬时值的关系为

$$u_L = L\frac{\mathrm{d}i}{\mathrm{d}t} \tag{3-12}$$

选择电流作为参考量，设 $i_L=\sqrt{2}I\sin\omega t$，则有

$$
\begin{aligned}
u_L &= L\frac{\mathrm{d}i_L}{\mathrm{d}t} = L\frac{\mathrm{d}(\sqrt{2}I\sin\omega t)}{\mathrm{d}t} \\
&= \sqrt{2}I\omega L\sin(\omega t+90°) \\
&= \sqrt{2}U_L\sin(\omega t+90°)
\end{aligned}
$$

即在纯电感电路中，电压与电流是同频率变化的，相位上电压超前电流 90°，它们的波形图和相量图如图 3-14 所示。

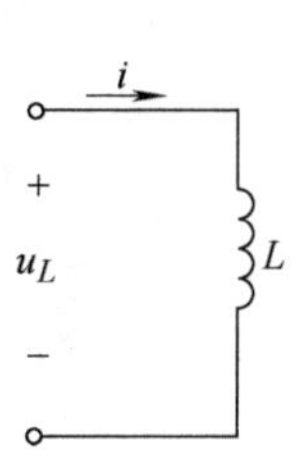

图 3-13　纯电感电路

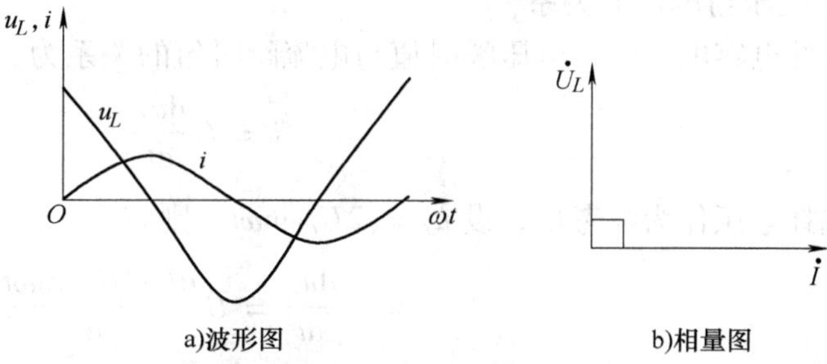

图 3-14　纯电感电路中电压与电流的波形图和相量图

$X_L=\omega L=2\pi fL$ 代表电感线圈对电流的阻碍作用，定义为感抗，则

$$U_L = IX_L \tag{3-13}$$

由于 $\dot{U}_L=U\angle 90°$，$\dot{I}=I\angle 0°$，则可得欧姆定律的相量表示形式为

$$\dot{U}_L = \mathrm{j}\dot{I}X_L \tag{3-14}$$

由于，$\dot{U}_L=\mathrm{j}\dot{I}X_L=\dot{I}X_L\angle 90°$，因此相量形式的欧姆定律一方面说明了电压与电流的数值关系 $U_L=IX_L$，另一方面表示出了电压与电流的相位关系，即电压超前电流 90°。

2. 功率关系分析

在纯电感电路中，$i_L=\sqrt{2}I\sin\omega t$，$u_L=\sqrt{2}U_L\sin(\omega t+90°)$，则瞬时功率为

$$
\begin{aligned}
p &= u_L i_L \\
&= \sqrt{2}U_L\sin(\omega t+90°)\cdot\sqrt{2}I\sin\omega t \\
&= U_L I\sin 2\omega t
\end{aligned}
\tag{3-15}
$$

由此可见，电感元件的瞬时功率也是按正弦规律变化的，其最大值为 U_LI，频率是电压、电流频率的两倍，波形图如图 3-15 所示。在第一和第三个 1/4 周期内，$p>0$，说明线圈从电源取用电能，并把电能转换为磁场能储存起来，线圈起着一个负载的作用；在第二和第四个 1/4 周期内，$p<0$，说明线圈向电源输送电能，即把磁场能转换为电能回馈给电路，线圈起着一个电源的作用。在一个周期内，纯电感线圈时而储存能量，时而放出能量，所取用的平均能量为零，即有功功率为零。

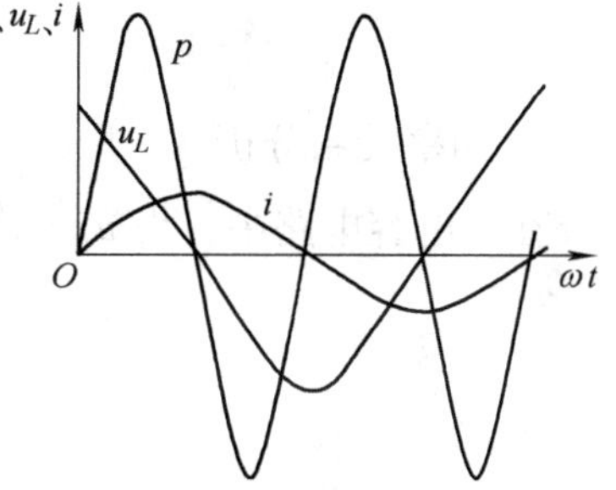

图 3-15　纯电感电路功率

$P=0$ 说明纯电感线圈不消耗能量，只和电源进行能量交换，电感元件称为储能元件。

线圈与电源进行能量交换的规模常用瞬时功率的最大值来衡量，并称之为无功功率，用 Q_L 表示，即

$$Q_L = U_L I = I^2 X_L \tag{3-16}$$

无功功率的单位是乏（var），常用单位是千乏（kvar）。

三、电容元件的交流电路

将电容元件接在交流电路中，就组成了纯电容电路，如图 3-16 所示。

1. 电压与电流的关系

在纯电容电路中，电压瞬时值与电流瞬时值的关系为

$$i = C\frac{du_C}{dt} \tag{3-17}$$

选择电压作为参考量，设 $u_C = \sqrt{2}U_C\sin\omega t$，则有

$$i = C\frac{du_C}{dt} = C\frac{d(\sqrt{2}U_C\sin\omega t)}{dt}$$

$$= \sqrt{2}U_C\omega C\sin(\omega t + 90°)$$

即在纯电容电路中，电压与电流是同频率变化的，相位上电流超前电压 90°，它们的波形图和相量图如图 3-17 所示。

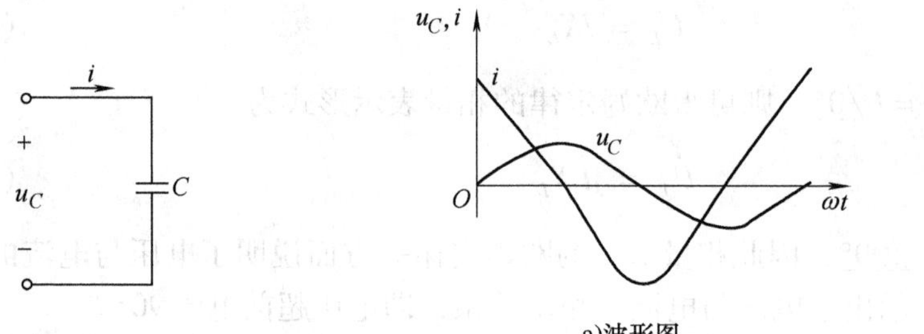

a)波形图

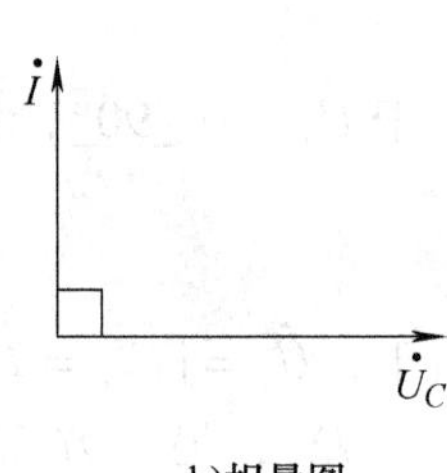

b)相量图

图 3-16　纯电容电路

图 3-17　纯电容电路中电压与电流的波形图和相量图

$X_C = 1/\omega C = 1/2\pi fC$，代表电容元件对电流的阻碍作用，定义为容抗，则

$$U_C = IX_C \tag{3-18}$$

由于 $\dot{U}_C = U_C\angle 0°$，$\dot{I} = I\angle 90°$，则可得欧姆定律的相量表示形式为

$$\dot{U}_C = -j\dot{I}X_C \tag{3-19}$$

2. 功率关系分析

在纯电容电路中，设 $u_C = \sqrt{2}U_C\sin\omega t$，$i = \sqrt{2}I\sin(\omega t + 90°)$，则瞬时功率为

$$p = u_C i$$

$$= \sqrt{2}U_C\sin\omega t \cdot \sqrt{2}I\sin(\omega t + 90°)$$

$$= U_C I\sin 2\omega t \tag{3-20}$$

由此可见，电容元件的瞬时功率也是按正弦规律变化的，其最大值为 $U_C I$，频率是电压、电流频率的两倍，波形图如图 3-18 所示。在第一和第三个 1/4 周期内，$p > 0$，说明电容从电源取用电能，并把电能转换为电场能储存起来，电容起着一个负载的作用；在第二和

第四个 1/4 周期内，$p<0$，说明电容向电源输送电能，即把电场能转换为电能回馈给电路，电容起着一个电源的作用。在一个周期内，电容时而储存能量，时而放出能量，所取用的平均能量为零，即有功功率为零。

$P=0$ 说明纯电容元件不消耗能量，只和电源进行能量交换（能量的吞吐），电容元件称为储能元件。电容元件与电源进行能量交换的规模常用瞬时功率的最大值来衡量，称之为无功功率，用 Q_C 表示，即

$$Q_C = U_C I = I^2 X_C \tag{3-21}$$

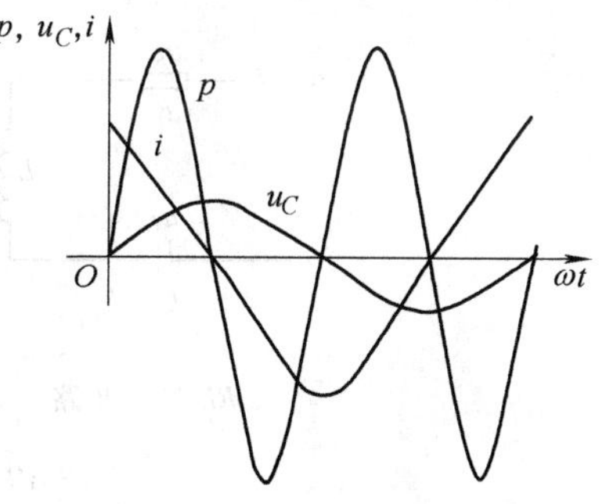

图 3-18　纯电容电路功率

第四节　交流电路分析

正弦交流电量用相量表示后，在直流电路中应用的分析方法和基本定律就可以全部应用到正弦交流电路之中了，使分析和计算更简便、更快捷。

在正弦交流电路中，电压、电流的瞬时值和对应的有效值相量关系都遵从基尔霍夫定律。

KCL 的一般表达式为

$$\sum i = 0$$

对应的相量形式为

$$\sum \dot{I} = 0 \tag{3-22}$$

即在任一时刻，流入某一节点的各支路电流相量的代数和等于零。

KVL 的一般表达式为

$$\sum u = 0$$

对应的相量形式为

$$\sum \dot{U} = 0 \tag{3-23}$$

即在正弦交流电路中，沿任一回路绕行一周，回路中各段电压相量的代数和为零。

一、*RLC* 串联电路中电压、电流之间的关系

电阻、电感与电容元件串联的交流电路（*RLC* 串联电路）如图 3-19a 所示，根据基尔霍夫电压定律可得

$$u = u_R + u_L + u_C$$

选择电流为参考正弦量，则

$$i = \sqrt{2} I \sin\omega t$$

在电阻元件上有

$$u_R = \sqrt{2} U_R \sin\omega t, \dot{U}_R = \dot{I} R$$

在电感元件上有

$$u_L = \sqrt{2} U_L \sin(\omega t + 90°), \dot{U}_L = \mathrm{j}\dot{I} X_L$$

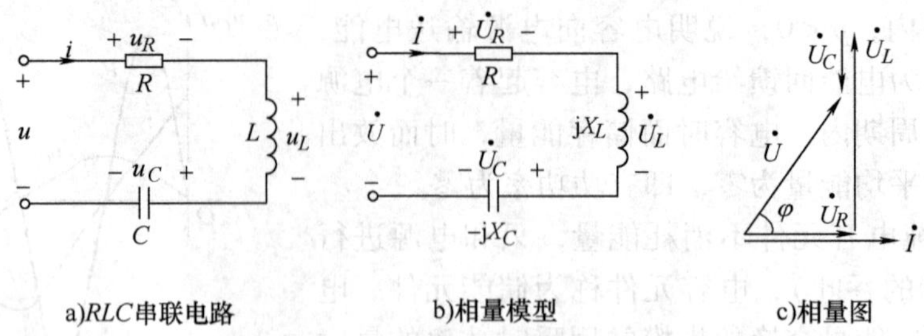

图 3-19　电阻、电感与电容串联的交流电路

在电容元件上有

$$u_C = \sqrt{2}U_C\sin(\omega t - 90°), \dot{U}_C = -\mathrm{j}\dot{I}X_C$$

同频率的正弦量相加，所得结果仍为同频率的正弦量，所以总电压为

$$u = u_R + u_L + u_C = \sqrt{2}U\sin(\omega t + \varphi)$$

由此可见，该电压的有效值为 U，电压 u 与电流 i 之间的相位差为 φ。

在相量模型中，$\dot{U}_R$、$\dot{U}_L$、$\dot{U}_C$ 相加即可得出总电压 u 的相量 $\dot{U}$，如图 3-19b 所示。在相量图中，由电压相量 $\dot{U}$、$\dot{U}_R$ 及($\dot{U}_L + \dot{U}_C$) 所组成的直角三角形，称为电压三角形，如图 3-19c 所示。

由 KVL 的相量形式可得

$$\begin{aligned}\dot{U} &= \dot{U}_R + \dot{U}_L + \dot{U}_C \\ &= \dot{I}R + \mathrm{j}\dot{I}X_L - \mathrm{j}\dot{I}X_C \\ &= [R + \mathrm{j}(X_L - X_C)]\dot{I} \\ &= \dot{I}Z\end{aligned}$$

即

$$\dot{U} = \dot{I}Z \tag{3-24}$$

式 (3-24) 即为交流电路的欧姆定律。Z 称为复阻抗，即

$$Z = R + \mathrm{j}(X_L - X_C) = R + \mathrm{j}X \tag{3-25}$$

在 RLC 串联电路中，Z 是二端网络端口的等效复阻抗。复阻抗是以复数形式出现的，单位是 Ω。复阻抗的实部是电阻 R，虚部为电抗 $X = X_L - X_C$。

注意：复阻抗 Z 虽然是复数，但它不代表正弦量，所以它不是相量，符号 Z 上不能加“ · ”。

利用电压三角形，可求出总电压的有效值，即

$$\begin{aligned}U &= \sqrt{U_R^2 + (U_L - U_C)^2} \\ &= I\sqrt{R^2 + (X_L - X_C)^2} \\ &= I|Z|\end{aligned} \tag{3-26}$$

$|Z|$ 体现的是电路中所有元件对电流的阻碍作用，称为电路的阻抗，即

$$|Z| = \sqrt{R^2 + (X_L - X_C)^2} \tag{3-27}$$

$|Z|$、R、$X = X_L - X_C$ 三者之间可组成一个直角三角形，称为阻抗三角形，如图 3-20 所示。

电源电压 u 与电流 i 之间的相位差 φ 可以从电压三角形或阻抗三角形得出，即

$$\varphi = \arctan\frac{U_L - U_C}{U_R} = \arctan\frac{X_L - X_C}{R} \tag{3-28}$$

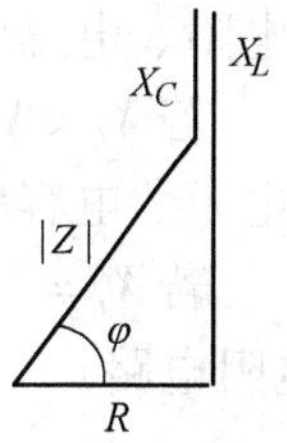

图 3-20　阻抗三角形

[**例 3-5**]　在图 3-19a 所示的电路中，已知：电源电压 $u = 220\sqrt{2}\sin 314t\,\text{V}$，电阻 $R = 30\Omega$，电感 $L = 445\text{mH}$，电容 $C = 32\mu\text{F}$。试求：

（1）电路的复阻抗 Z；

（2）电路中的电流 i，各元件端电压 u_R、u_L、u_C；

解：由 $u = 220\sqrt{2}\sin 314t\,\text{V}$ 可得

$$\dot{U} = 220\angle 0°\text{V}, \omega = 314\text{rad/s}$$

（1）

$$X_L = \omega L = 314 \times 0.445\Omega \approx 140\Omega$$

$$X_C = \frac{1}{\omega C} = \frac{1}{314 \times 32 \times 10^{-6}}\Omega \approx 100\Omega$$

$$Z = R + \text{j}(X_L - X_C) = 30\Omega + \text{j}(140 - 100)\Omega = 30\Omega + \text{j}40\Omega = 50\angle 53.13°\Omega$$

（2）由

$$\dot{I} = \frac{\dot{U}}{Z} = \frac{220\angle 0°}{50\angle 53.13°}\text{A} = 4.4\angle -53.13°\text{A}$$

得

$$i = 4.4\sqrt{2}\sin(314t - 53.13°)\text{A}$$

由

$$\dot{U}_R = R\dot{I} = 30 \times 4.4\angle -53.13°\text{V} = 132\angle -53.13°\text{V}$$

得

$$u_R = 132\sqrt{2}\sin(314t - 53.13°)\text{V}$$

由

$$\dot{U}_L = \text{j}X_L\dot{I} = 140\angle 90° \times 4.4\angle -53.13°\text{V} = 616\angle 36.87°\text{V}$$

得

$$u_L = 616\sqrt{2}\sin(314t + 36.87°)\text{V}$$

由

$$\dot{U}_C = -\text{j}X_C\dot{I} = 100\angle -90° \times 4.4\angle -53.13°\text{V} = 440\angle -143.13°\text{V}$$

得

$$u_C = 440\sqrt{2}\sin(314t - 143.13°)\text{V}$$

二、电路性质分析

由 $\varphi = \arctan[(X_L - X_C)/R]$ 可知，φ 的大小是由电源频率及元件参数决定的，与电

路中电压、电流的大小无关。

若 $X_L > X_C$，则在相位上电压 u 比电流 i 超前 φ，电路是显感性的，性质与 RL 串联电路（电阻、电感串联电路）一致，称为感性电路，相量图如图 3-21a 所示。

若 $X_L < X_C$，则在相位上电压 u 比电流 i 滞后 φ，电路是显容性的，性质与 RC 串联电路（电阻、电容串联电路）一致，称为容性电路，相量图如图 3-21b 所示。

若 $X_L = X_C$，即 $\varphi = 0$ 时，则电压 u 与电流 i 同相，电路是显阻性的，性质与 R 电路（纯电阻电路）一致，称为阻性电路，相量图如图 3-21c 所示。

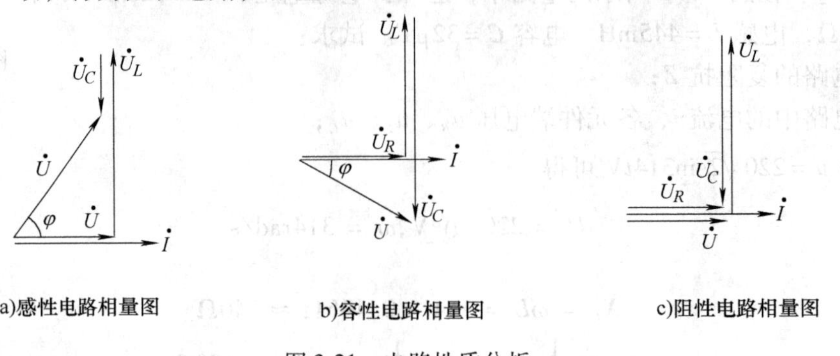

a)感性电路相量图　　b)容性电路相量图　　c)阻性电路相量图

图 3-21　电路性质分析

三、电路功率分析

在 RLC 串联电路中，电阻是耗能元件，电感与电容都是储能元件，因此电路中既有有功功率，又有无功功率。

电路的总有功功率等于电阻元件所消耗的有功功率，即

$$P = U_R I$$

结合电压三角形，可得

$$P = UI\cos\varphi \tag{3-29}$$

$\cos\varphi$ 称为电路的功率因数，常用 λ 表示。

由于电感元件上 $Q_L = U_L I\sin 90° > 0$，电容元件上 $Q_C = U_C I\sin(-90°) < 0$，因此，电路的总无功功率为

$$Q = Q_L + Q_C = U_L I - U_C I$$

结合电压三角形，可得

$$Q = UI\sin\varphi \tag{3-30}$$

式（3-29）和式（3-30）是计算有功功率和无功功率的一般定义式。式中的 UI 称为视在功率，表示电源所提供的总功率，用大写字母 S 表示，即

$$S = UI \tag{3-31}$$

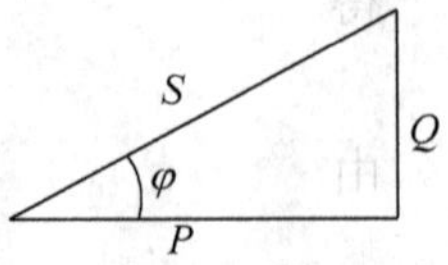

图 3-22　功率三角形

有功功率、无功功率和视在功率组成的直角三角形，称为功率三角形，如图 3-22 所示。它们之间的关系为

$$S = \sqrt{P^2 + Q^2}$$

有功功率的单位是伏安（V · A），常用单位为千伏安（kV · A）。

［例 3-6］　求例 3-5 中电路的有功功率 P、无功功率 Q、视在功率 S 和功率因数 λ。

解： 借用例 3-5 的求解内容可得

$$P = UI\cos\varphi = 220 \times 4.4\cos53.13°\mathrm{W} = 580.8\mathrm{W}$$

$$Q = UI\sin\varphi = 220 \times 4.4\sin53.13°\mathrm{var} = 774.4\mathrm{var}$$

$$S = UI = 220 \times 4.4\mathrm{V \cdot A} = 968\mathrm{V \cdot A}$$

$$\lambda = \cos\varphi = \cos53.13° = 0.6$$

第五节　功率因数的提高

一、提高功率因数的意义

1. 使电源设备得到充分利用

电路的有功功率为 $P = UI\cos\varphi$，只有在电阻性负载（如白炽灯、电阻炉等）的情况下，电路的功率因数才为 1。对其他负载来说，其功率因数均介于 0～1 之间，这时电路中发生能量的交换，出现无功功率 $Q = UI\sin\varphi$。无功功率的出现，意味着有一部分能量只在电源与负载之间进行交换，没有被负载实际消耗掉，因而电源容量不能被充分利用。提高电路的功率因数，可减少电源与负载之间交换的能量，从而节约电源容量，使电源设备得到充分利用。

例如，有一台容量为 1000kV·A 的电力变压器，给 100kW 的用电设备供电，若电路功率因数为 0.5，则电源能提供的有功功率为 500kW，可供 5 个用电设备正常工作；若电路功率因数为 0.8，则电源能提供的有功功率为 800kW，可供 8 个用电设备正常工作。

2. 降低线路损耗和线路压降

输电线路的损耗为 $P_1 = I^2R_1$（R_1 为线路电阻），线路压降为 $U_1 = I|Z_1|$（$|Z_1|$ 为线路阻抗），而线路电流为 $I = P/(U\cos\varphi)$。由此可见，当电源电压 U 及输出有功功率 P 一定时，提高功率因数可以使线路电流减小，从而降低线路损耗，减少线路压降，提高线路的传输效率。

二、提高功率因数的方法

按照供电规则，高压供电的工业企业平均功率因数不低于 0.9。提高功率因数常用的方法就是在感性负载两端并联适当容量的电容（设置在用户或变电所中），其电路图和相量图如图 3-23 所示。

由图 3-23 可见，在感性负载两端并联电容以后，由于容性无功功率补偿了感性无功功率，使得整个电路总的无功功率减小，总电压 u 和电流 i 之间的相位差 φ 变小，即 $\cos\varphi$ 变大了，电路仍显感性。

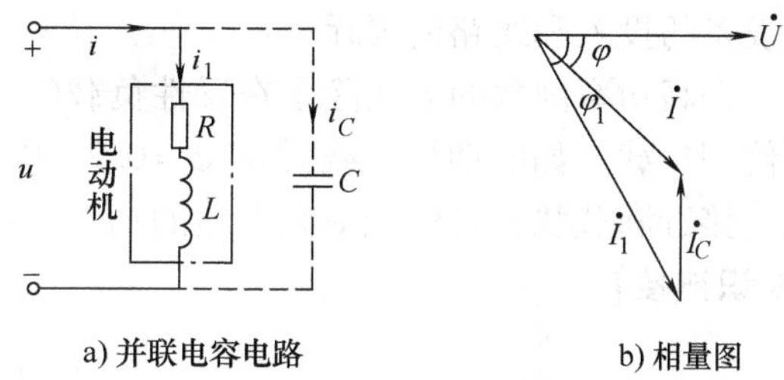

a) 并联电容电路　　b) 相量图

图 3-23　并联电容提高功率因数

未并联电容时，电路的无功功率为

$$Q_1 = UI_1\sin\varphi_1 = UI_1\frac{\sin\varphi_1\cos\varphi_1}{\cos\varphi_1} = P\tan\varphi_1$$

并联电容后，电路的无功功率为

$$Q = UI\sin\varphi = P\tan\varphi$$

因而电容需要补偿的无功功率为

$$Q_C = Q_1 - Q = P(\tan\varphi_1 - \tan\varphi)$$

由于

$$Q_C = I_C^2 X_C = \frac{U^2}{X_C} = \omega C U^2$$

故可得

$$C = \frac{Q_C}{\omega U^2} = \frac{P}{2\pi f U^2}(\tan\varphi_1 - \tan\varphi) \tag{3-32}$$

在感性负载两端并联适当的电容以后，感性负载所需的无功功率大部分都是由电容供给，就是说并联电容后能量交换主要发生在感性负载与电容之间，从而减少了电源与负载之间的能量交换，使电源容量得到了充分利用。

并联电容后，电路性质仍然呈现感性，这种利用容性无功功率补偿感性无功功率的方式称为欠补偿；若并联电容后，电路性质呈现容性，则补偿方式称为过补偿。从经济效益方面考虑，提高电路的功率因数都是采用欠补偿方式。

[**例 3-7**]　已知一台变压器的二次电压 $U_{2N}=220V$，电流 $I_{2N}=100A$，试分析：

(1) 当 $\cos\varphi=0.6$ 时，该变压器能带动几台 $U_N=220V$、$P=2.2kW$ 的电动机？

(2) 当 $\cos\varphi=0.9$ 时，该变压器能带动几台 $U_N=220V$、$P=2.2kW$ 的电动机？

解：(1) 当 $\cos\varphi=0.6$ 时，每台电动机取用的电流是

$$I = \frac{P}{U\cos\varphi} = \frac{2.2\times10^3}{220\times0.6}A = 16.67A$$

该变压器能带动的电动机台数为

$$n = \frac{I_{2N}}{I} = \frac{100}{16.67}\text{台} \approx 6\text{台}$$

(2) 当 $\cos\varphi=0.9$ 时，每台电动机取用的电流是

$$I = \frac{P}{U\cos\varphi} = \frac{2.2\times10^3}{220\times0.9}A = 11.11A$$

该变压器能带动的电动机台数为

$$n = \frac{I_{2N}}{I} = \frac{100}{11.11}\text{台} \approx 9\text{台}$$

由此可见，同样的电源，通过提高负载的功率因数，可以较大幅度地提高其利用率，减少设备的投入和线路的损耗。

提高功率因数的方法除了在感性负载的两端并联适当容量的电容外，更为重要的是要合理使用负载，如电动机空载时 $\cos\varphi=0.2\sim0.3$，满载时 $\cos\varphi=0.7\sim0.9$，让电动机工作在满载或接近满载状态自然能提高电路的功率因数。

【知识链接】

照明灯具

一、常用照明灯具

1. 白炽灯

白炽灯价格便宜，显色性能好，安装简便，是一种应用广泛的热辐射电光源。

白炽灯是利用灯丝电阻电流的热效应使灯丝温度上升到白炽程度而发光的。白炽灯由灯丝、外壳（玻璃壳）和灯头三部分组成。灯丝一般用钨丝制成，电流通过钨丝时，钨丝被燃至白炽而发光。但是，高温时钨丝的蒸发易导致白炽灯玻璃壳内产生沉积物而使外壳发黑，从而使其透光性能降低，影响发光效率，并且输入的电能大多转换为热能，因而白炽灯的发光效率较低，能耗较大。

40W 以下的白炽灯，玻璃壳内被抽成真空，40W 以上的白炽灯，玻璃壳内充有氩气或氮气等惰性气体，使钨不易挥发。

灯头有插口式和螺口式两种，螺口式灯头在电接触和散热方面比插口式灯头好。插口式平灯座上有两个接线桩，可以任意接电源的相线和中性线，螺口式平灯座接线时必须把中性线线头接在连接螺纹圈的接线桩上，把来自开关的相线线头接在中心簧片的接线桩上。

白炽灯的额定电压有 6V、12V、24V、36V、110V 和 220V 六种。安装和使用时必须确保白炽灯工作在额定电压状况。

2. 荧光灯

荧光灯结构简单、价格适宜、发光效率高、显色性能较好且表面亮度低，是目前使用最广泛的气体放电光源。荧光灯由灯管、镇流器、辉光启动器、灯架和灯座等主要部件组成，使用时必须严格按规格配套使用。

灯管由玻璃管、灯丝和灯丝引出脚等组成。玻璃管抽真空后充入少量汞和氩气等惰性气体，管壁涂有荧光粉，灯丝上涂有电子粉。辉光启动器有 4～8W、15～20W、30～40W 和通用型 4～40W 等规格。镇流器主要由铁心和线圈组成，使用时必须与灯管功率相一致。

荧光灯利用辉光启动器和镇流器的辅助作用，使玻璃管内的惰性气体电离而发生弧光放电，放电产生的热量又使管内汞（气体）电离而导电，从而发出大量紫外线，激发管壁上的荧光粉而发出日光色的可见光。

二、照明灯具的安装

1. 灯具的布置要求

根据工作面的分布情况、建筑物的结构形式和视觉的工作特点进行灯具的布置。

2. 照明灯具的一般安装要求

1）灯具的安装高度。室内一般不低于 2.5m，室外一般不低于 3.0m。若遇特殊情况难以达到上述要求时，可采取相应的保护措施或改用 36V 的安全电压供电。

2）根据不同的安装场所和用途，选择照明灯具使用的不同类型的导线线芯。

3）明插座的安装高度不宜低于 1.3m；暗插座一般离地 0.3m（住宅暗插座应采用保护式），特殊场所不宜低于 0.15m。同一场所安装的电源插座高度应一致。

4）固定灯具需用接线盒及木台等配件。

5）当采用螺口灯座或灯头时，应将相线（即开关控制的相线）接入螺口内中心弹簧片上的接线端子，中性线接入螺旋部分。

6）照明装置的接线必须牢固，接触良好。

【实训练习一】

单控照明电路的安装

一、实训目的

1）掌握照明电路中白炽灯以及单控开关的安装方法。

2）掌握单相电能表的连线。

二、实训器材

白炽灯、圆台、螺口平灯座、开关、熔断器、塑料铜芯导线、塑料软线、木螺钉、螺钉、通用电工工具、接线端子（XT）及单相电能表等。

三、实训内容

1）安装圆台、螺口平灯座、开关及熔断器等。

2）安装灯头，连接电路。

3）检查电路，经指导教师同意后方可接通电源校验电路。

4）打开单相电能表的盒盖，观看盒盖背面的接线图，如图 3-24 所示。接线端子 1 接电源相线、3 接电源中性线，2、4 接负载。

四、实训电路

单控照明电路如图 3-25 所示，请根据图示电路进行接线。

参照图 3-25，自行设计电路，画出单相电能表与照明负载的接线图。

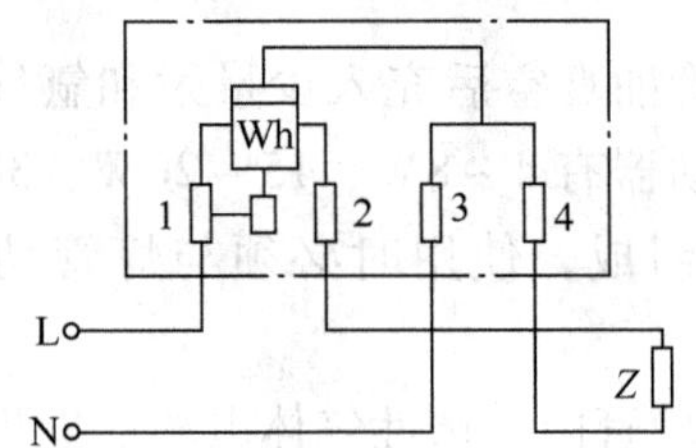

图 3-24　单相电能表接线图

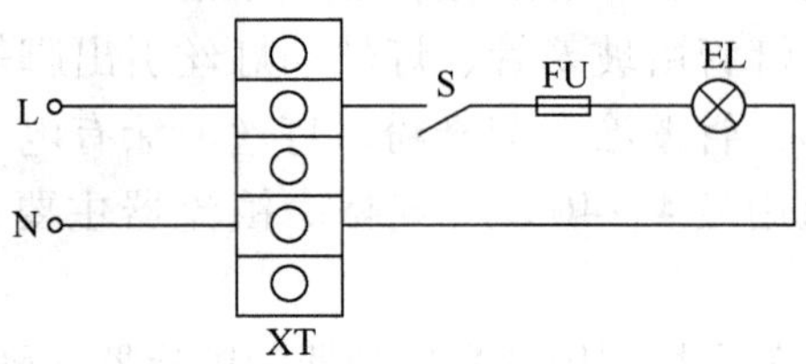

图 3-25　单控照明电路接线图

五、实训记录

1）写出实训要点、实训时所遇到的问题及解决方法。

2）思考题：开关为什么必须接到相线上？

六、考核标准

单控照明电路的安装考核标准见表 3-1。

表 3-1　单控照明电路的安装考核标准

序号	项目	分项名称	配分	评分标准	记录	得分
1	导线的连接及元器件的选用	导线的剖削	5 分	导线的剖削尺寸不符合要求，扣 3 分		
		导线的连接与绝缘层的恢复	5 分	缠绕方向不对，扣 2 分 缠绕不紧密，扣 2 分 缠绕不整齐，扣 2 分 缠绕圈数不符合要求，扣 2 分		
		正确使用工具	5 分	工具使用不正确，扣 2 分/次		
		元器件的正确选用	5 分	元器件选用不正确，扣 2 分/项		

（续）

序号	项目	分项名称	配分	评分标准	记录	得分
2	电路的布置、安装接线以及通电检查	布局	10分	不按图接线或接错一处，扣5分		
		安装接线	20分	布线不合理，扣3分；工艺质量差，扣6分		
		通电检查	30分	白炽灯不亮，扣5分 开关安装不对，扣5分 熔断器安装不对，扣5分/个		
3	安全与文明生产		20分	未整理器材和清扫场地，扣5分 损坏元器件美观，发生短路事故，扣10分 违反安全操作规程，本项得0分		

【实训练习二】

双控照明电路的安装

一、实训目的

1）掌握照明电路中荧光灯电路的安装方法。

2）掌握双控开关的工作原理及连接方法。

3）掌握插座的连接方法

二、实训器材

开关、插座、熔断器、塑料铜芯导线、塑料软线、荧光灯（包括荧光灯灯管、镇流器、辉光启动器等）、木螺钉、螺钉、通用电工工具及接线端子（XT）等。

三、实训内容

1）安装固定荧光灯灯座、辉光启动器座，将镇流器安装固定在灯架上。

2）安装插座。

3）安装两个双控开关。

4）连接电路后装入荧光灯灯管和辉光启动器。

5）检查电路，经指导教师同意后方可接通电源校验电路。

四、实训电路

双控照明电路如图3-26所示，请根据图示电路进行接线。

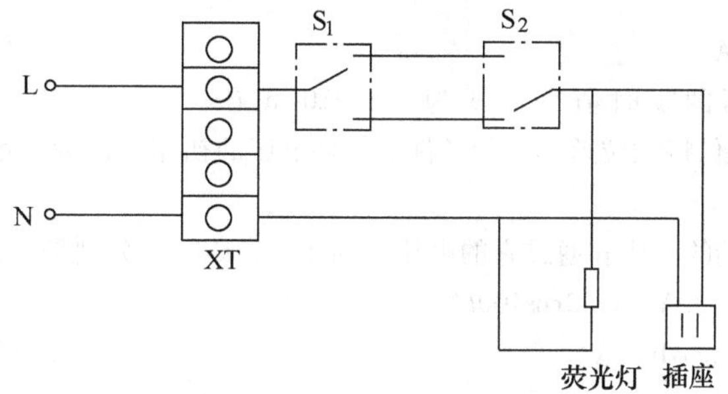

图3-26　双控照明电路接线图

五、实训记录

1）写出实训要点、实训时所遇到的问题及解决方法。

2）思考题：如何实现在三个不同的地方控制同一个照明负载？

六、考核标准

双控照明电路的安装考核标准见表 3-2。

表 3-2 双控照明电路的安装考核标准

序号	项目	分项名称	配分	评分标准	记录	得分
1	导线的连接及元器件的选用	导线的剖削	5 分	导线的剥削尺寸不符合要求，扣 3 分		
		导线的连接与绝缘层的恢复	5 分	缠绕方向不对，扣 2 分 缠绕不紧密，扣 2 分 缠绕不整齐，扣 2 分 缠绕圈数不符合要求，扣 2 分		
		正确使用工具	5 分	工具使用不正确，扣 2 分/次		
		元器件的正确选用	5 分	元器件选用不正确，扣 2 分/项		
2	电路的布置、安装接线以及通电检查	布局	10 分	不按图接线或接错一处，扣 5 分		
		安装接线	20 分	布线不合理，扣 3 分；工艺质量差，扣 6 分		
		通电检查	30 分	荧光灯灯管不亮，扣 15 分 开关安装不对，扣 10 分 插座安装不对，扣 5 分		
3	安全与文明生产		20 分	未整理器材和清扫场地，扣 5 分 损坏元器件美观，发生短路事故，扣 10 分 违反安全操作规程，本项得 0 分		

习 题 三

3-1 写出下列正弦电压对应的相量表达式。

（1）$u=100\sqrt{2}\sin(\omega t+30°)$ V

（2）$u=220\sqrt{2}\sin(\omega t-45°)$ V

3-2 写出下列相量对应的正弦量表达式。

（1）$\dot{U}=100\angle -120°$V

（2）$\dot{I}=(-3+j4)$ A

3-3 已知电流和电压的瞬时值表达式为 $u=220\sin(\omega t-120°)$ V，$i_1=10\sin(\omega t-45°)$ A，$i_2=4\sin(\omega t+80°)$ A。试在保持相位差不变的条件下，将电压的初相位设为零度，重新写出它们的瞬时值表达式。

3-4 已知某元件 P 两端的电压和通过它的电流分别如下，试问 P 分别是什么性质的元件？

（1）$u=5\sin(100t+90°)$ V，$i=2\cos 100t$A

（2）$u=5\sin 100t$V，$i=2\cos 100t$A

（3）$u=5\cos 100t$V，$i=2\sin 100t$A

3-5 在图 3-27 所示的各电路中，除电流表 PA 和电压表 PV 外，其余电流表和电压表的读数在图上均已标出（均是正弦量的有效值），试求 PA 和 PV 的读数。

3-6 写出下列正弦量的有效值相量，并画出它们的相量图。

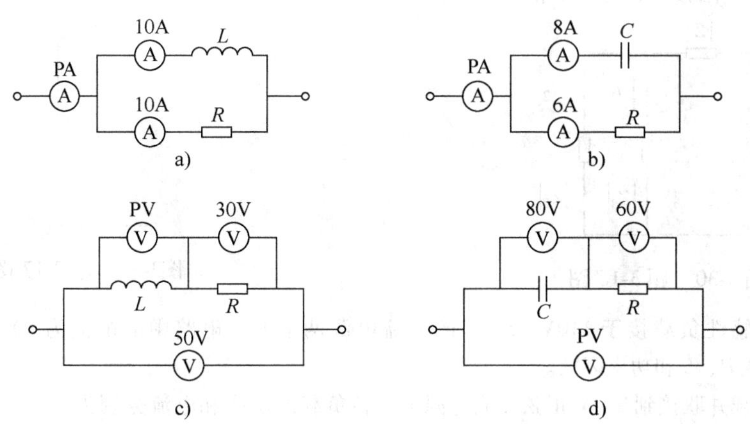

图 3-27　题 3-5 图

（1）$u_1 = 10\sqrt{2}\sin\left(\omega t + \frac{\pi}{2}\right)$V

（2）$i_1 = 5\sqrt{2}\cos\left(\omega t + \frac{\pi}{3}\right)$A

3-7　已知一个 10Ω 电阻上通过的电流为 $i = 5\sin$（$314t - 30°$）A，试求该电阻上电压的有效值，并求该电阻消耗的功率为多少？

3-8　已知电感 $L = 0.127$H，在其两端加一个正弦交流电压 $u = 220\sqrt{2}\sin$（$314t - 60°$）V。求：（1）电感中的电流 I_m、I 和 i；（2）无功功率 Q_L；（3）画出电流、电压相量图。

3-9　有一个电容 $C = 31.8\mu$F，在其两端加一个正弦交流电压 $u = 220\sqrt{2}\sin$（$314t - 45°$）V。求：（1）电容电路中的电流 I_m、I 和 i；（2）无功功率 Q_C；（3）画出电流和电压的相量图。

3-10　图 3-28 所示电路为测量线圈电阻、电感的电路。已知：$R_1 = 100\Omega$，$f = 50$Hz，三个电压表读数分别是 V = 75V，$V_1 = 50$V，$V_2 = 45$V，求 R_2、L。

3-11　一个线圈接到 220V 直流电源上时，功率为 1.2kW，接到 50Hz、220V 的交流电源上，功率为 0.6kW。试求该线圈的电阻与电感各为多少？

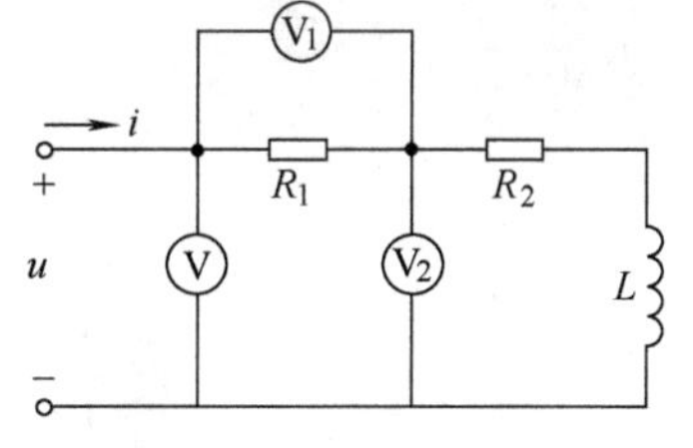

图 3-28　题 3-10 图

3-12　把一个 6Ω 的电阻和一个 120μF 的电容串联接在 $u = 220\sqrt{2}\sin$（$314t + \pi/2$）V的电源上。求电路的阻抗、电流、有功功率、无功功率及视在功率。

3-13　把一个电阻为 6Ω、电感为 50mH 的线圈接到 $u = 300\sin(200t + \pi/2)$V的电源上。求电路的阻抗、电流、有功功率、无功功率及视在功率。

3-14　有一 RL 串联电路，已知 $R = 30\Omega$，$L = 1.65$H，电源为工频交流电，其端电压的有效值为 220V，求电路的功率因数和消耗的有功功率。

3-15　如图 3-29 所示，已知：$R = 15\Omega$，$L = 0.1$H，$C = 30\mu$F，$u = 20\sqrt{2}\cos$（$314t + 50°$）V。求 i、u_L 及 u_C。

3-16　如图 3-30 所示，已知：$U = 8$V，$Z = (1 - j0.5)\Omega$，$Z_1 = (1 + j1)\Omega$，$Z_2 = (3 - j1)\Omega$。求各支路电流 $\dot{I}$、$\dot{I}_1$ 和 $\dot{I}_2$。

3-17　在图 3-31 所示电路中，已知：$u = 220\sqrt{2}\sin$（$314t - 143.1°$）V，$i = 22\sqrt{2}\sin 314t$A。试确定：

（1）负载阻抗 Z，并说明其性质；

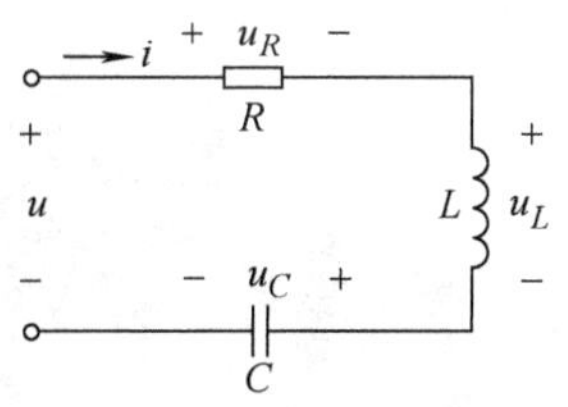

图 3-29　题 3-15 图

（2）负载的功率因数、有功功率和无功功率。

图 3-30　题 3-16 图　　　　图3-31　题 3-17 图

3-18　将一个感性负载接于 110V、50Hz 的交流电源两端时，电路中的电流为 10A，消耗的功率为 600W，求负载参数 R、L 和功率因数。

3-19　三个负载并联接到 220V 正弦交流电源上，各负载的功率和电流分别为 $P_1=4.4\text{kW}$，$I_1=44.7\text{A}$（感性）；$P_2=8.8\text{kW}$，$I_2=50\text{A}$（感性）；$P_3=6.6\text{kW}$，$I_3=60\text{A}$（容性）。试求：（1）各负载的功率因数；

（2）电源供给的总电流、总视在功率及功率因数。

3-20　把一只荧光灯接到 220V 、50Hz 的电源上，已知电流的有效值为 0.366A，功率因数为 0.5，现欲将功率因数提高到 0.9，问应当并联多大的电容？

第四章　三相交流电路的分析与计算

知识目标：

- 掌握三相电源星形联结和三角形联结的特点。
- 掌握三相负载星形联结的计算。
- 掌握三相对称电路的功率计算。

技能目标：

- 掌握三相交流电路的分析方法，能够解决一般综合类的问题。
- 掌握判别三相电源相序的方法。
- 能正确使用三相功率表测量三相电路的功率。

在现代电力系统中，从电能的产生、传输、分配到使用，世界各国普遍采用的几乎都是三相制供电方式。三相制供电是指由三个幅值相等、频率相同、相位不同的电源所组成的供电系统。

三相制供电相对于单相制供电有着明显的优势。在发电方面，三相交流发电机比同尺寸的单相交流发电机容量大；在输电方面，三相制供电比三个单相电源供电节省材料；在用电方面，三相交流异步电动机的运行特性比单相电动机的好等。

由三相电源供电的电路称为三相交流电路，简称三相电路。下面就来学习三相交流电路的分析与计算。

第一节　三 相 电 源

三相交流电是由三相交流发电机产生的。三相交流发电机是由一个可以自由转动的电枢和一对固定的磁极构成的。电枢绕组有三个，即 U_1U_2、V_1V_2、W_1W_2，分别称为 U 相绕组、V 相绕组和 W 相绕组，其中，U_1、V_1、W_1 是各相绕组的首端，U_2、V_2、W_2 是各相绕组的尾端。各相绕组的匝数相等、结构相同，三个首端或三个尾端在空间位置上互差 120°。

一、三相对称电源

三相交流发电机的原理如图 4-1 所示。电枢绕组以角速度 ω 逆时针旋转，由于三相绕组在空间位置上彼此互差 120°，因此当 U 相绕组上的感应电动势 e_U 达到最大值时，V 相绕组需转过 120°后，其感应电动势 e_V 才能达到最大值，而 W 相绕组需再转过 120°后，其感应电动势 e_W 才能达到最大值。即 U_1U_2 上感应电动势 e_U 超前 V_1V_2 上感应电动势 e_V 的相角为 120°，V_1V_2 上感应电动势 e_V

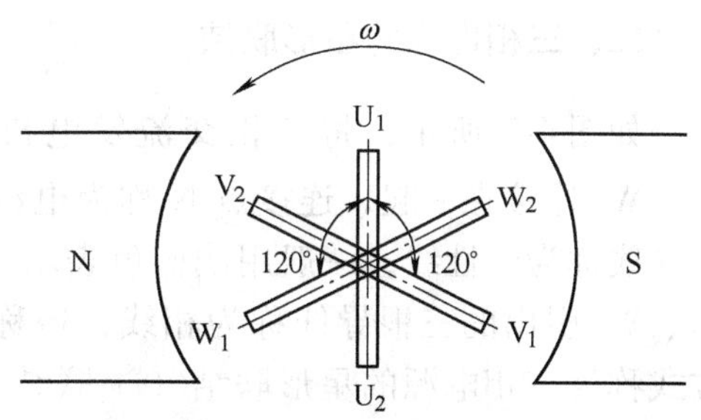

图 4-1　三相交流发电机的原理

超前 W_1W_2 上感应电动势 e_W 的相角为 120°。由于三相绕组的匝数相等、结构相同且转速一样，故产生的三个感应电动势必然频率相同、幅值相等，相位互差 120°。

由三个频率相同、幅值相等且相位互差 120°的电动势组成的电源称为三相对称电源。

以 U 相绕组产生的电动势 e_U 为参考正弦量，则三相电动势的瞬时值表达式为

$$
\begin{aligned}
e_U &= \sqrt{2}E\sin\omega t \\
e_V &= \sqrt{2}E\sin(\omega t - 120°) \\
e_W &= \sqrt{2}E\sin(\omega t + 120°)
\end{aligned}
\tag{4-1}
$$

相量表达式为

$$
\begin{aligned}
\dot{E}_U &= E\angle 0° \\
\dot{E}_V &= E\angle -120° \\
\dot{E}_W &= E\angle 120°
\end{aligned}
\tag{4-2}
$$

三相对称电动势的波形图和相量图如图 4-2 所示。

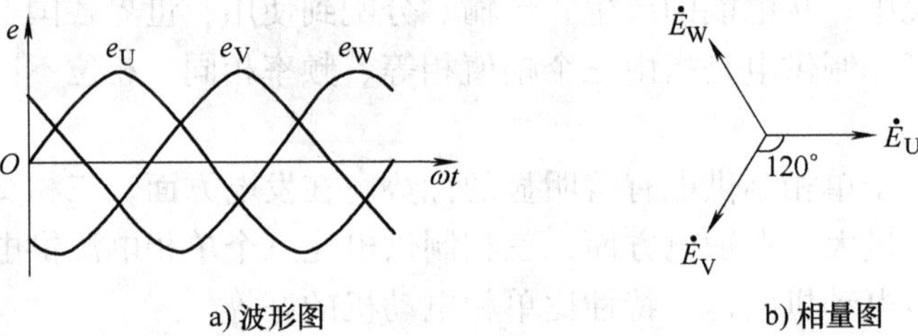

a) 波形图　　b) 相量图

图 4-2　三相对称电动势的波形图和相量图

通过对三相对称电动势波形图和相量图的分析可知，任一瞬间三相对称电动势的瞬时值之和等于零，相量之和等于零。

三相电动势依次达到正的最大值的先后顺序称为相序。按照 U—V—W—U 的相序，称为顺相序；按照 U—W—V—U 的相序，称为逆相序。本书所介绍的都是顺相序。在电力系统中，一般用黄、绿、红三色来表示 U、V、W 相。

三相交流发电机的每一相绕组都能产生感应电动势，都可以单独为负载供电。由于三相制供电方式相对单相制供电方式具有明显的优势，因此，在电力系统中，三相电源往往通过一定方式的连接后才向负载供电。三相电源的连接方式有两种，一种是星形联结（Y联结），另一种是三角形联结（△联结）。

二、三相电源的星形联结

如图 4-3 所示，将三相交流发电机绕组的末端 U_2、V_2、W_2 连接在一起，连接点 N 称为电源的中性点，引出的导线称为中性线，一般用浅蓝色表示。从三个首端 U_1、V_1、W_1 引出的三根导线称为相线，俗称火线。这种连接方式称为三相电源的星形联结（Y联结），由于共引出了四根导线，对应的电路称为三相四线制电路。

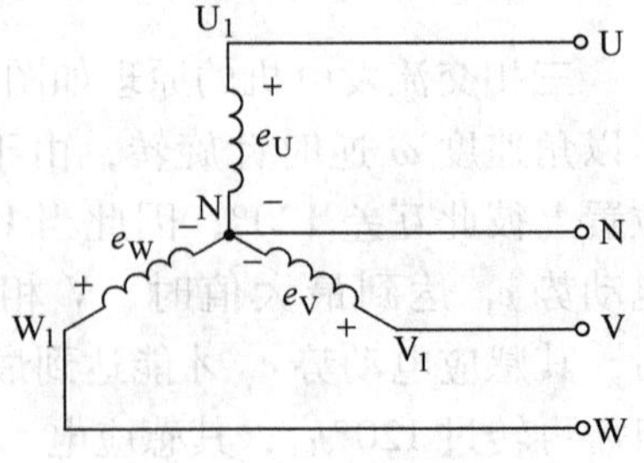

图 4-3　三相电源的星形联结

在图 4-4 中，相线与中性线之间的电压称为相电压，规定相电压的参考方向由相线指向中性线。忽略发电机绕组的内阻压降，相电压在数值上与各相绕组的电动势相等。由此得到的三个相电压也是三相对称的，即满足频率相同、幅值相等、相位互差 120°的条件。相电压的有效值分别用 U_U、U_V、U_W 表示，可统一用 U_p 表示。

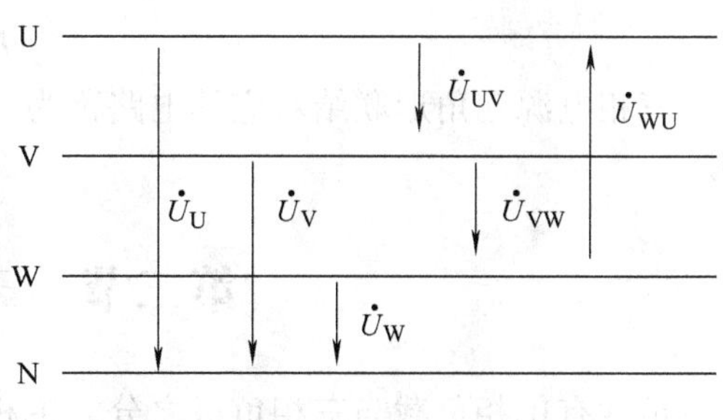

图 4-4　三相四线制电源

相线与相线之间的电压称为线电压，线电压的方向由下标字母的先后顺序决定。线电压的有效值分别用 U_{UV}、U_{VW}、U_{WU}表示，可统一用 U_l 表示。

相电压与线电压的关系是

$$\begin{aligned} \dot{U}_{UV} &= \dot{U}_U - \dot{U}_V \\ \dot{U}_{VW} &= \dot{U}_V - \dot{U}_W \\ \dot{U}_{WU} &= \dot{U}_W - \dot{U}_U \end{aligned} \tag{4-3}$$

三相电源星形联结时的电压相量图如图 4-5 所示。

对图 4-5 进行分析计算，可得

$$\begin{aligned} \dot{U}_{UV} &= \sqrt{3}\dot{U}_U \angle 30^\circ = \sqrt{3}U_p \angle 30^\circ \\ \dot{U}_{VW} &= \sqrt{3}\dot{U}_V \angle 30^\circ = \sqrt{3}U_p \angle -90^\circ \\ \dot{U}_{WU} &= \sqrt{3}\dot{U}_W \angle 30^\circ = \sqrt{3}U_p \angle 150^\circ \end{aligned} \tag{4-4}$$

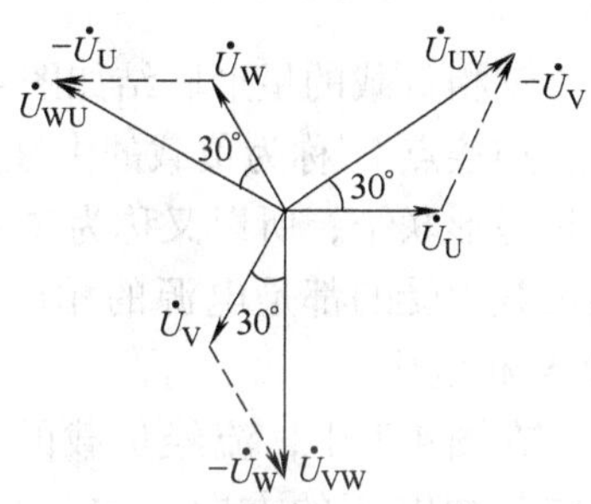

图 4-5　三相电源星形联结时的电压相量图

可见，三个线电压频率相同、幅值相同、相位相差 120°，也是三相对称的。线电压在数值上等于其所对应相电压的$\sqrt{3}$倍，在相位上比其所对应的相电压超前 30°。

综上所述，当三相电源为星形联结时，可向外电路提供两种对称的电源电压：一种是三相对称相电压，一种是三相对称线电压。

三、三相电源的三角形联结

如图 4-6 所示，将三相交流发电机三相绕组的首尾端依次相连，然后从三个连接点引出三根导线，这种连接方式称为三相电源的三角形联结（△联结）。三相绕组三角形联结时，其本身构成了闭合回路，若三相电动势是对称的，那么在回路中任一瞬间的电动势代数和为 0，因而回路内没有环流；如果三相电动势不对称，那么回路中就会产生很大的环流，甚至烧坏绕组。

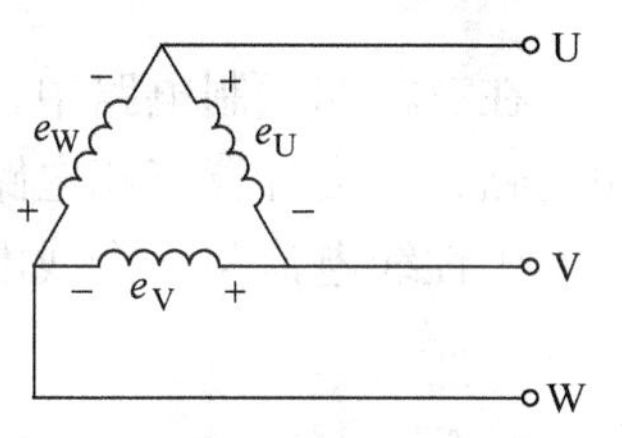

图 4-6　三相电源的三角形联结

三相电源为三角形联结时，只能向外电路提供对称的电源线电压。由于任意两根相线都是从每相绕组的首尾端引出的，因此线电压等于相电压，即

$$U_l = U_p \tag{4-5}$$

三相电源三角形联结对应的电路称为三相三线制电路，这时所说的三相电压均指线电压 U_l。

第二节 三相负载的连接

负载有单相负载与三相负载之分，单相负载是指接在三相电源的任意一相上均可工作的负载，如照明负载；三相负载是指必须同时接上三相电源方能正常工作的负载，如三相交流异步电动机。对于低压配电系统而言，接在三相电路上的负载统称为三相负载。在三相电路中，通常把三相负载连接成星形或三角形两种形式。

负载与三相电源连接时必须注意两个问题：一是要确保负载承受额定电压，二是对由单相负载组成的三相负载应尽量均衡地接到电源的三相电路中，力求使三相电路中的负载对称。

三相负载对称是指各相负载的复阻抗相等，即阻抗值相等、阻抗角相同。满足这个条件，则称为三相对称负载；否则，即为三相不对称负载。

一、三相负载的星形联结

三相负载的星形联结如图 4-7 所示，把各相负载的一端连在一起接到三相电源的中性线上，连接点 N′称为负载的中性点，另一端分别接到三相电源的三根相线上。由于三相电源也是星形联结，所以又称为Y-Y联结的三相电路。在这种电路中，不论负载是否对称，各相负载承受的都是电源的相电压，即在 380/220V 三相四线制低压配电系统中，负载承受 220V 相电压。

在图 4-7 中，流经负载的电流称为相电流，方向与相电压的方向一致，有效值分别表示为 I_u、I_v、I_w，下标用小写字母表示；流经相线中的电流称为线电流，方向规定为从电源流向负载，有效值分别表示为 I_U、I_V、I_W，下标用大写字母表示；通过中性线的电流称为中性线电流，方向规定为从负载中性点 N′指向电源中性点 N，有效值表示为 I_N。

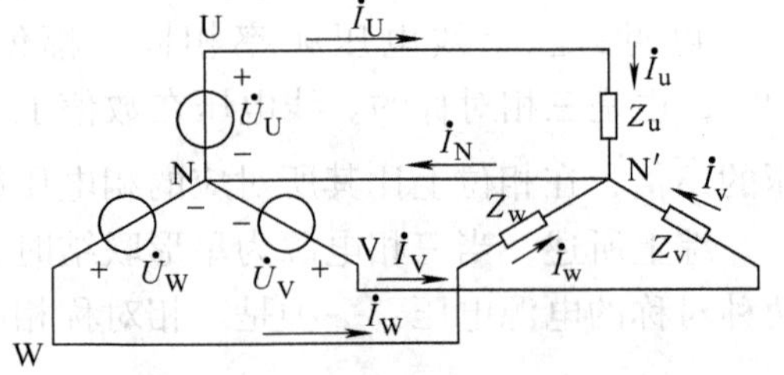

图 4-7 三相负载的星形联结

在负载的星形联结电路中，相电流等于线电流，即

$$I_l = I_p \tag{4-6}$$

在三相四线制电路中，三相电路的计算可看做是三个单相电路的计算。因此，会计算单相电路，就会计算三相电路中每相负载的电流、功率及功率因数等参数。

中性线电流与三个线电流的关系为

$$\dot{I}_N = \dot{I}_U + \dot{I}_V + \dot{I}_W \tag{4-7}$$

［**例 4-1**］ 某电阻性负载星形联结，已知电源线电压为 380V，U 相、V 相负载阻值为 20Ω，W 相负载阻值为 10Ω，求各线电流、相电流和中性线电流。

解法一：公式计算法

$$U_p = \frac{U_l}{\sqrt{3}} = \frac{380}{\sqrt{3}}\text{V} = 220\text{V}$$

$$\dot{I}_U = \dot{I}_u = \frac{\dot{U}_U}{R_u} = \frac{220\angle 0^\circ}{20}\text{A} = 11\angle 0^\circ\text{A}$$

$$\dot{I}_V = \dot{I}_v = \frac{\dot{U}_V}{R_v} = \frac{220\angle -120^\circ}{20}\text{A} = 11\angle -120^\circ\text{A}$$

$$\dot{I}_W = \dot{I}_w = \frac{\dot{U}_W}{R_w} = \frac{220\angle 120^\circ}{10}\text{A} = 22\angle 120^\circ\text{A}$$

$$\begin{aligned}\dot{I}_N &= \dot{I}_U + \dot{I}_V + \dot{I}_W \\ &= 11\angle 0^\circ\text{A} + 11\angle -120^\circ\text{A} + 22\angle 120^\circ\text{A} \\ &= 11\angle 120^\circ\text{A}\end{aligned}$$

解法二：利用相量图求解，如图 4-8 所示。

$$I_U = I_u = \frac{U_U}{R_u} = \frac{220}{20}\text{A} = 11\text{A}$$

$$I_V = I_v = \frac{U_V}{R_v} = \frac{220}{20}\text{A} = 11\text{A}$$

$$I_W = I_w = \frac{U_W}{R_w} = \frac{220}{10}\text{A} = 22\text{A}$$

中性线电流由相量图可得

$$I_N = 11\text{A}$$

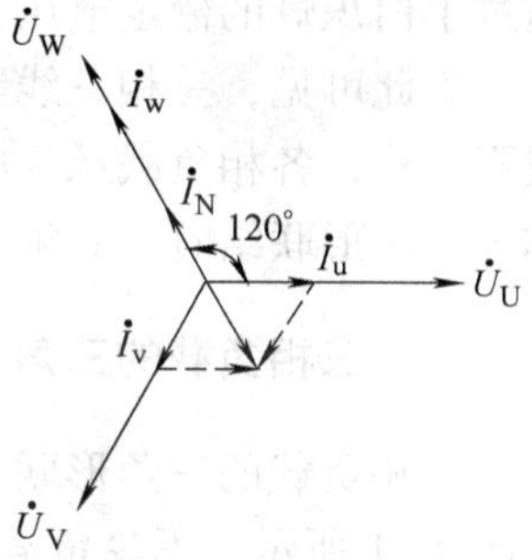

图 4-8　利用相量图求解

由此可见，利用相量图可以简化分析计算。

在三相四线制电路中，中性线的作用就是可以保证各相负载承受对称的电源相电压。为确保中性线连接可靠，中性线干线上不允许装接任何的开关或熔断器。

若三相负载对称，三个相电流和三个线电流也一定对称，即各相电流（或各线电流）幅值相等、频率相同、相位彼此互差120°，因而 $\dot{I}_N = \dot{I}_U + \dot{I}_V + \dot{I}_W = 0$，即中性线电流为零。中性线内没有电流通过，就可以去掉中性线，形成三相三线制的星形联结电路，如图 4-9 所示。在三相三线制电路中，三相对称负载仍然承受对称的电源相电压。

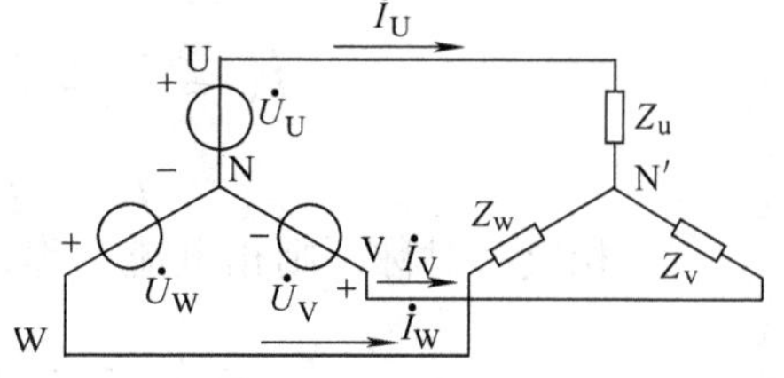

图 4-9　三相三线制星形联结

注意：三相四线制星形联结电路中，不论负载是否对称，只要有中性线，各相负载均承受对称的电源相电压。三相三线制星形联结电路中，只有三相负载对称，各相负载才能承受对称的电源相电压。

［**例 4-2**］　三相电路如图 4-10 所示，三相白炽灯负载星形联结，电源线电压为 380V，每相白炽灯负载电阻为 400Ω，当 U 相供电线路断路时或 U 相短路时，求其他两相负载的电

压和电流。

解：（1）U 相断路时，其他两相负载相当于串联分担线电压

$$I_U = 0$$

$$U'_V = U'_W = \frac{380}{2}V = 190V$$

$$I_V = I_W = \frac{190}{400}A = 0.475A$$

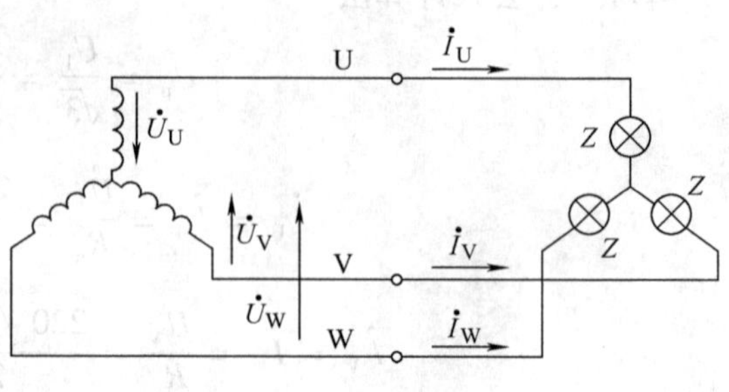

图 4-10　例 4-2 图

由此可见，每相负载承受的电压小于额定电压，白炽灯不能正常发光。

（2）U 相短路时，其他两相负载每相都承担线电压即

$$U'_V = U'_W = 380V$$

$$I_V = I_W = \frac{380}{400}A = 0.95A$$

超过了白炽灯的额定电压，灯泡将被烧坏。

由此可见，三相三线制负载星形联结电路中，若其中某一相断路或短路，会导致三相负载不对称，各相负载承受的电压不再等于电源的相电压，负载不能正常工作。因此三相不对称负载星形联结时，必须是三相四线制供电方式。

二、三相负载的三角形联结

三相负载的三角形联结就是把三相负载依次接在两相线上，如图 4-11 所示。不论负载是否对称，各相负载均承受对称的电源线电压，即电路中负载相电压 U_p 都等于电源线电压 U_l，即

$$U_p = U_l$$

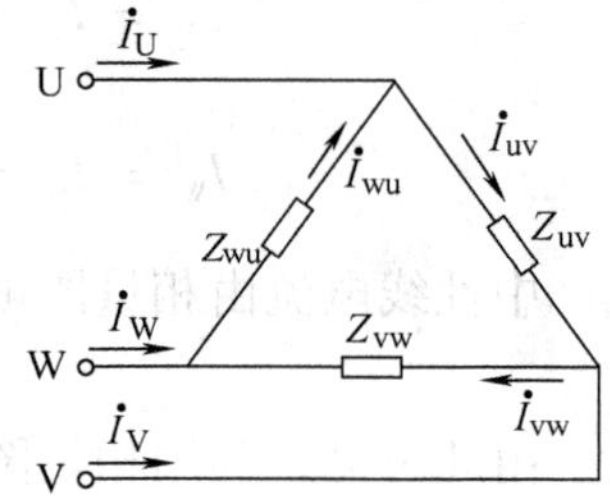

图 4-11　负载的三角形联结

线电流和相电流的关系为

$$\dot{I}_U = \dot{I}_{uv} - \dot{I}_{wu}$$

$$\dot{I}_V = \dot{I}_{vw} - \dot{I}_{uv} \qquad (4\text{-}8)$$

$$\dot{I}_W = \dot{I}_{wu} - \dot{I}_{vw}$$

若三相负载对称，则相电流对称，三相电路的计算可归结到一相电路来计算，即

$$I_{uv} = I_{vw} = I_{wu} = I_p = \frac{U_p}{|Z|} \qquad (4\text{-}9)$$

$$\varphi_{uv} = \varphi_{vw} = \varphi_{wu} = \arctan\frac{X}{R} \qquad (4\text{-}10)$$

假设负载为感性负载，画出相量图如图 4-12 所示，可得线电流和相电流的关系为

$$I_l = \sqrt{3}I_p \qquad (4\text{-}11)$$

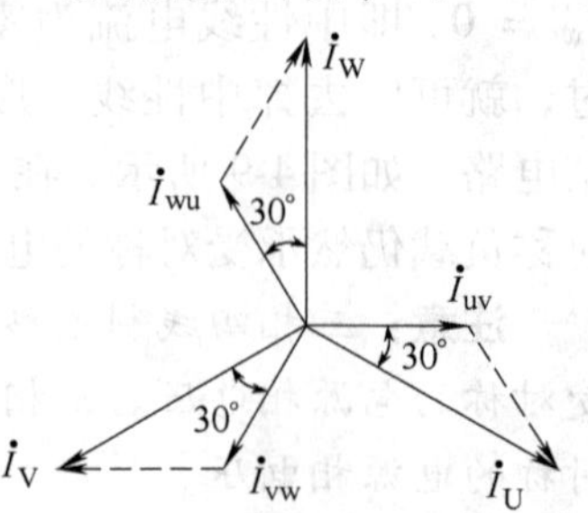

图 4-12　三相负载三角形联结时的相量图

线电流在数值上是相电流的$\sqrt{3}$倍，在相位上滞后于所对应的相电流 30°。

第三节 三相电路的功率

三相负载的有功功率等于各相功率之和，即

$$P = P_u + P_v + P_w \text{（星形联结）}$$

或

$$P = P_{uv} + P_{vw} + P_{wu} \text{（三角形联结）} \tag{4-12}$$

在三相对称电路中，无论负载是星形联结还是三角形联结，由于各相负载对称，各相电压对称，各相电流也对称，而且

Y联结时

$$U_l = \sqrt{3}U_p, I_l = I_p$$

△联结时

$$U_l = U_p, I_l = \sqrt{3}I_p$$

所以三相有功功率为

$$P = 3U_pI_p\cos\varphi = \sqrt{3}U_lI_l\cos\varphi \tag{4-13}$$

式中，φ 为是各相负载相电压与相电流之间的相位差。

三相电路的无功功率为

$$Q = 3U_pI_p\sin\varphi = \sqrt{3}U_lI_l\sin\varphi \tag{4-14}$$

三相电路的视在功率为

$$S = 3U_pI_p = \sqrt{3}U_lI_l \tag{4-15}$$

[例4-3] 有一对称三相负载，已知：每相负载电阻为 $R=8\Omega$，感抗为 $X_L=6\Omega$，三相电源的线电压为 $U_l=380\text{V}$。求：

（1）负载星形联结时的功率 P_{Y}；

（2）负载三角形联结时的功率 $P_{\triangle}$。

解： 每相阻抗均为

$$|Z| = \sqrt{R^2 + X_L^2} = \sqrt{6^2 + 8^2}\Omega = 10\Omega$$

功率因数为

$$\lambda = \cos\varphi = \frac{R}{|Z|} = \frac{6\Omega}{10\Omega} = 0.6$$

（1）负载星形联结时

相电压为

$$U_p = \frac{U_l}{\sqrt{3}} = \frac{380}{\sqrt{3}}\text{V} = 220\text{V}$$

线电流等于相电流，即

$$I_l = I_p = \frac{U_p}{|Z|} = \frac{220}{10}\text{A} = 22\text{A}$$

负载的功率为

$$P_{Y} = \sqrt{3}U_lI_l\cos\varphi = \sqrt{3} \times 380 \times 22 \times 0.6\text{W} = 8.7\text{kW}$$

（2）负载三角形联结时

相电压等于线电压，即

$$U_{\mathrm{p}} = U_{\mathrm{l}} = 380\mathrm{V}$$

相电流为

$$I_{\mathrm{p}} = \frac{U_{\mathrm{p}}}{|Z|} = \frac{380}{10}\mathrm{A} = 38\mathrm{A}$$

线电流为

$$I_{\mathrm{l}} = \sqrt{3}I_{\mathrm{p}} = \sqrt{3} \times 38\mathrm{A} = 66\mathrm{A}$$

负载的功率为

$$P_{\triangle} = \sqrt{3}U_{\mathrm{l}}I_{\mathrm{l}}\cos\varphi = \sqrt{3} \times 380 \times 66 \times 0.6\mathrm{W} = 26\mathrm{kW}$$

由此可见，在电源电压不变时，同一负载由星形联结改接为三角形联结时，相电流增加到原来的$\sqrt{3}$倍，线电流增加到原来的 3 倍，功率也增加到原来的 3 倍。所以，在电源确定的情况下，三相负载必须根据其额定电压与电源线电压的关系来确定负载是星形联结还是三角形联结，不能任意连接。

当负载额定电压等于电源线电压时，采用三角形联结；当负载额定电压等于电源相电压时，则应采用星形联结。

【知识链接一】

三相交流电源相序指示器

图 4-13a 所示为电容法判别相序的电路，图 4-13b 所示为电感法判别相序的电路。电感可以用 100V · A 控制变压器的一次线圈代替。

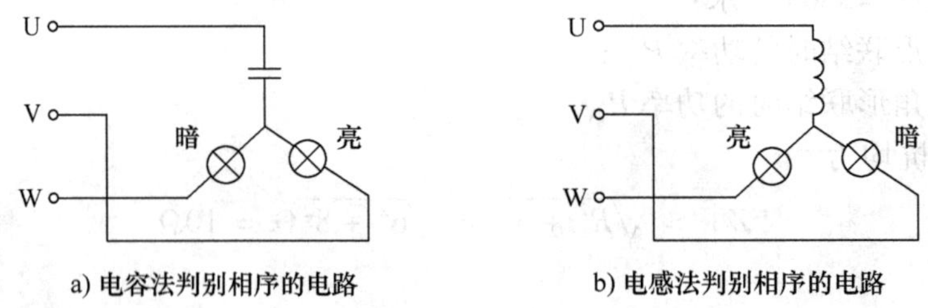

a) 电容法判别相序的电路　　b) 电感法判别相序的电路

图 4-13　三相交流电源相序指示器

一、电容判别法

假设电容接在 U 相电源线上，由于电容的移相（指电容两端的电压比流过它的电流滞后 90°）作用，使连接到 V 相电源线上的白炽灯和 W 相电源线上的白炽灯所承受的电压不等，其规律是 V 相电源线上电压大于 W 相电源线上的电压，所以在测试时灯泡较亮的一相就可以认为是 V 相，灯泡较暗的则可以认为是 W 相。

二、电感判别法

将电容判别法中的电容换为电感，由于电感移相与电容移相情况相反，故判别结果也相反，即在测试时灯泡较暗的一相就可以认为是 V 相，灯泡较亮的则可以认为是 W 相。

【知识链接二】

功率的测量

功率的测量分为直流功率的测量和交流功率的测量。

一、直流功率的测量

直流功率的测量可以采用电动式功率表（瓦特计）直接测出功率值，也可以采用间接测量的方式，即根据 $P=UI$，利用直流电流表和直流电压表测得的数值计算而得。间接测量直流功率的电路如图 4-14 所示。

图 4-14a 适用于负载电阻小的场合；图 4-14b 适用于负载电阻大的场合。

a) 小负载电阻电路　　b) 大负载电阻电路

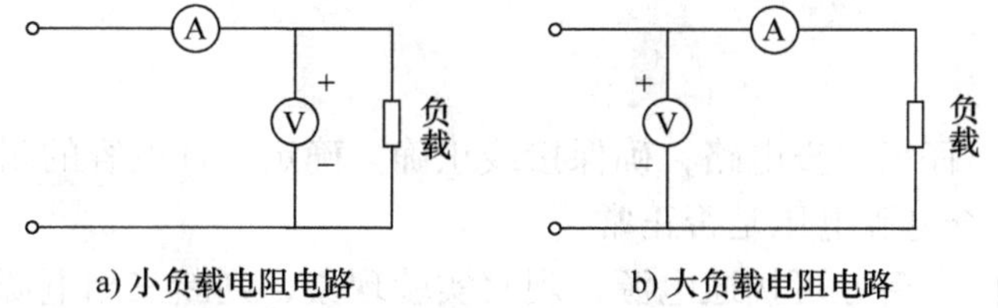

图 4-14　直流电功率的测量

二、交流有功功率的测量

在交流电路中，通常选用电动式功率表测量电路的有功功率。电动式功率表有一个电压线圈和一个电流线圈。电压线圈与负载并联，电流线圈与负载串联，两个线圈上标有“ * ”的一端需要接在电源的同一侧。测量单相交流功率的电路如图 4-15 所示。

在三相三线制交流电路中，利用两表法测量三相负载功率的电路如图 4-16 所示。两表法测得的三相总功率等于两个单相功率表读数的代数和。

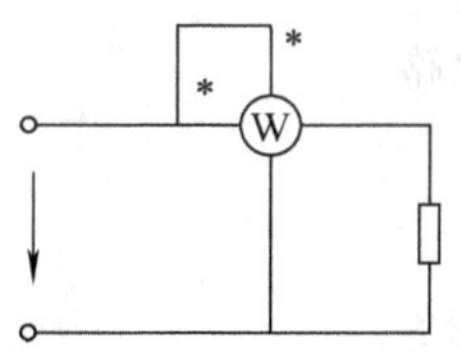

图 4-15　测量单相交流功率

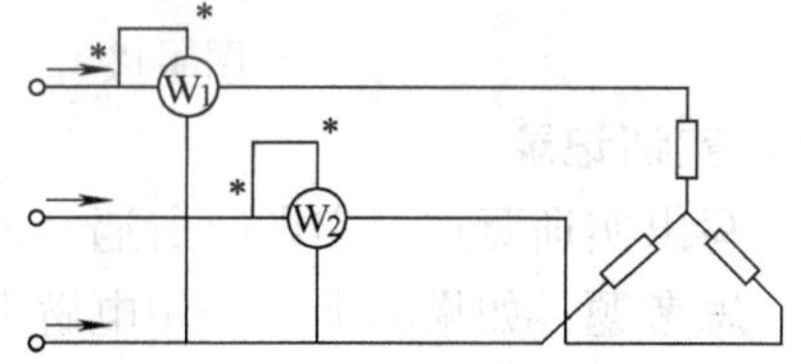

图 4-16　两表法测量三相负载功率

注意： 只读取其中任意一个功率表的读数没有任何意义。

在三相四线制交流电路中，利用三表法测量三相负载功率的电路如图 4-17 所示，三只单相功率表分别测量各相功率，三个单相功率之和即为三相负载的总功率。

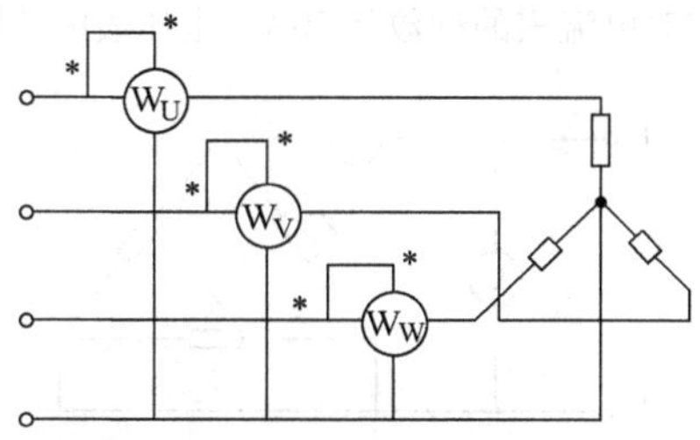

图 4-17　三表法测量三相负载功率

【实训练习】

三相交流电源相序的判别

一、实训目的

1）熟悉三相交流电源相序指示器的原理。

2）掌握判别三相电源相序的方法。

3）加深对交流电源相序的理解。

二、实训器材

电源开关、电容（2μF/500V）、白炽灯（40W/220V）及接线端子等。

三、实训内容

1）连接电路。

2）通电前准备。仔细检查电路，确保接线正确。确定所选电容的耐压值必须达到500V以上。使用万用表检查电源电压是否正常。

3）经指导教师同意后方可接通电源，观察实验现象，判断三相电源相序。

四、实训电路

三相交流电源相序指示器电路如图4-18所示。

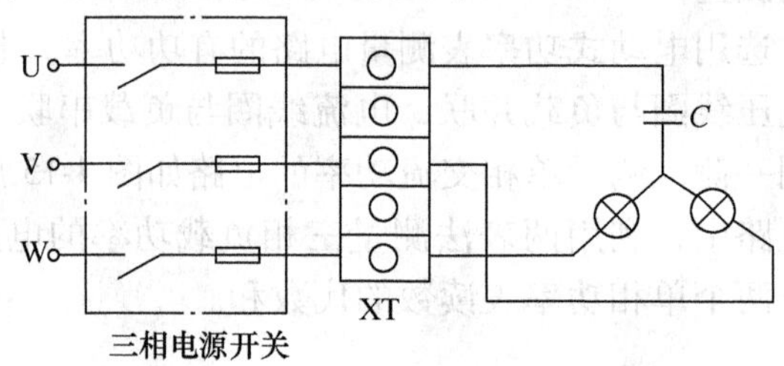

图4-18　三相交流电源相序指示器电路

五、实训记录

1）写出实训要点、实训时所遇到的问题及解决方法。

2）思考题：如果实训中选用电解电容，会出现什么现象？

习　题　四

4-1　对称三相四线制电路中，电源线电压为380V，每相阻抗 $Z=(3+j4)\Omega$，求各线电流。

4-2　对称三相四线制电路中，电源线电压为380V，线电流为10A，负载为星形联结，功率为4kW，求功率因数、电路的无功功率和视在功率。

4-3　如图4-19所示，正常工作时电流表的读数是26A，电压表的读数是380V，由三相对称电源供电，

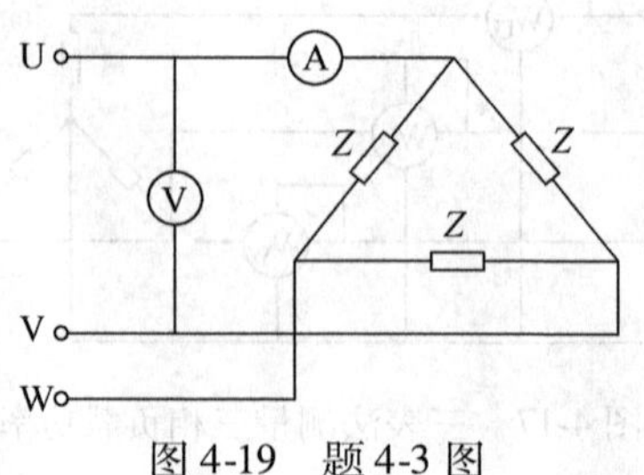

图4-19　题4-3图

求下列情况下各相负载的电流：（1）正常工作；（2）W 相负载断路；（3）W 相相线断路。

4-4　三相电炉每相电阻为 10Ω，接在额定电压为 380V 的三相对称电源上，分别求星形联结和三角形联结时电炉从电网吸收的功率。

4-5　图 4-20 所示为三相对称负载电路，已知：线电压为 380V，各相负载 $Z=(6+j8)\Omega$，试求相电压、相电流和线电流，并画出相量图。

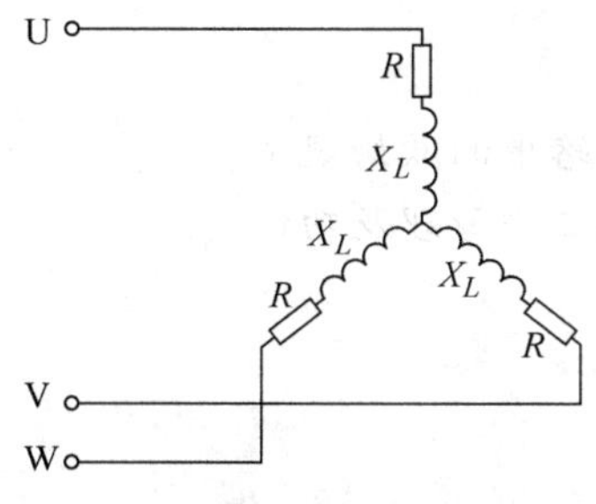

图 4-20　题 4-5 图

4-6　星形联结的对称三相电源，已知 $u_U = 380\sin(\omega t + 30°)$ V，试求出 U_U，并写出 u_W 和 u_{WU} 的表达式。

4-7　在三相四线制系统中，中性线的作用是什么？为什么中性线干线上不能接熔断器和开关？

4-8　现有 120 只 220V、100W 的白炽灯泡，怎样将其接入线电压为 380V 的三相四线制供电线路最为合理？按照这种接法，在全部灯泡点亮的情况下，线电流和中性线电流各是多少？

4-9　三相对称负载为三角形联结，已知：线电压为 380V，线电流为 17.3A，三相总功率为 4.5kW。求每相负载的电阻和感抗。

第五章　磁路和变压器

知识目标：

- 了解磁路的基本知识及磁路中的欧姆规律。
- 了解变压器的基本结构、工作原理及功能。
- 了解变压器的应用。

技能目标：

- 掌握同极性端的测试。
- 掌握特殊变压器的使用。

在工农业生产中广泛使用的变压器、电动机等电气设备，都是利用电磁感应原理进行工作的，它们的主要组成部分是含有铁心的线圈。

本章重点介绍磁路的基本知识、变压器的工作原理及特殊变压器的使用。

第一节　磁路的基本知识

实际电路中有大量电感元件的线圈中有铁心，线圈通电后铁心就构成了磁路，磁路又会影响电路，因此电工技术不仅有电路的问题，同时也有磁路的问题。

一、磁路的基本物理量

1. 磁感应强度 B

磁感应强度是表示磁场内某点磁场强弱及方向的物理量，用符号 B 表示。磁感应强度的大小等于通过垂直于磁场方向单位面积的磁力线数目，与电流之间的方向关系用右手螺旋定则来确定。在国际单位制(SI)中，磁感应强度的单位是特斯拉，简称特(T)。

如果磁场内各点磁感应强度的大小相等、方向相同，则将这样的磁场称为均匀磁场。

2. 磁通 Φ

均匀磁场中的磁通 Φ 等于磁感应强度 B 与垂直于磁场方向的面积 S 的乘积，即

$$\Phi = BS \tag{5-1}$$

磁通用符号 Φ 来表示。在国际单位制(SI)中，磁通的单位是韦伯，简称韦(Wb)。

磁感应强度在数值上可以看成与磁场方向垂直的单位面积所通过的磁通，故又称为磁通密度。

3. 磁导率 μ

磁导率是一个用来表示磁场介质磁性的物理量，也就是衡量物质导磁能力大小的物理量，用符号 μ 表示，其单位是亨/米(H/m)。

真空中的磁导率为一常数，用 μ_0 表示，其数值为

$$\mu_0 = 4\pi \times 10^{-7}\text{H/m}$$

非铁磁物质的磁导率与真空磁导率极为接近，铁磁物质的磁导率远大于真空磁导率。

通常用相对磁导率 μ_r 来表示介质磁导率的大小，相对磁导率的大小为介质磁导率与真空磁导率的比值。自然界中几种常用磁性材料的磁导率见表 5-1。

表 5-1　几种常用磁性材料的磁导率

材料名称	铸铁	硅钢片	镍锌铁氧体	锰锌铁氧体	坡莫合金	铜
相对磁导率	200～400	7000～10000	10～1000	300～5000	$2\times10^4 \sim 2\times10^5$	0.9999

4. 磁场强度 H

磁场强度是为了简化计算而引入的一个辅助物理量，用符号 H 表示。磁场强度只与产生磁场的电流以及这些电流的分布有关，与磁介质的磁导率无关，单位是安/米(A/m)。有

$$H = \frac{B}{\mu} = \frac{NI}{l} \tag{5-2}$$

式中，N 为线圈的匝数；I 为线圈中通过的电流有效值；l 为磁路的长度。

二、磁路的欧姆定律

磁路与磁场的关系如图 5-1 所示。

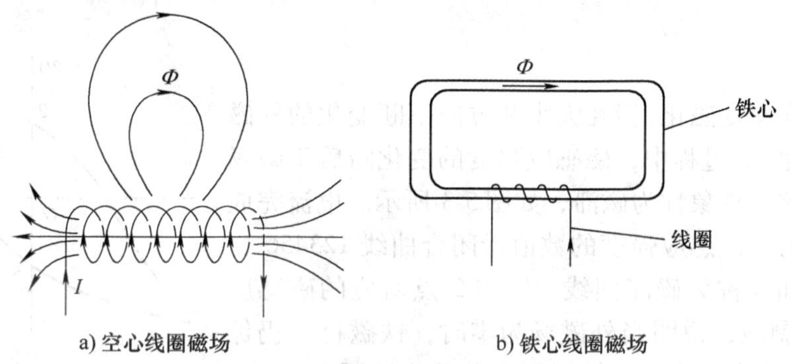

a) 空心线圈磁场　　b) 铁心线圈磁场

图 5-1　磁场与磁路

在图 5-1a 中，一个没有铁心的载流线圈所产生的磁通是弥散在整个空间的；而在图 5-1b 中，同样的线圈绕在闭合铁心上时，由于铁心的相对磁导率 μ_r 很大(见表 5-1)，即铁心的磁导率远高于周围空气的磁导率，这就使绝大多数的磁通集中到铁心内部，并形成一个闭合的通路，称之为磁路。磁路实质上就是局限在一定范围内的磁场。有

$$\Phi = BS = \mu HS = \mu \frac{NI}{l}S = \frac{NI}{\dfrac{l}{\mu S}} = \frac{F}{R_m} \tag{5-3}$$

式中，$F = NI$，称为磁通势，单位是安(A)；$R_m = l/\mu S$，称为磁阻，是表示磁路对磁通起阻碍作用的物理量。N 为线圈匝数，S 为磁路的截面积。

式(5-3)的结构形式与电路的欧姆定律相似，因而称为磁路的欧姆定律。磁路中的磁通相当于电路中的电流，磁通势相当于电路中的电动势，磁阻相当于电路中的电阻。

三、铁磁材料的磁性能

1. 高导磁性

铁磁材料具有很强的被磁化特性，在外磁场的作用下，能产生远大于外磁场的附加磁

场。变压器、电机等电气设备之所以采用铁心线圈，就是为了利用较小的励磁电流产生较强的磁场，从而减小线圈的体积和重量。

2. 磁饱和性

对磁性物质来讲，由磁化所产生的附加磁场不会随外磁场的增强而无限制地增强。当外磁场(或励磁电流)增大到一定值时，附加磁场的磁感应强度达到饱和值。如图 5-2 所示，B-H 磁化曲线是指铁磁物质的磁感应强度 B 与磁场强度 H 之间的关系曲线。

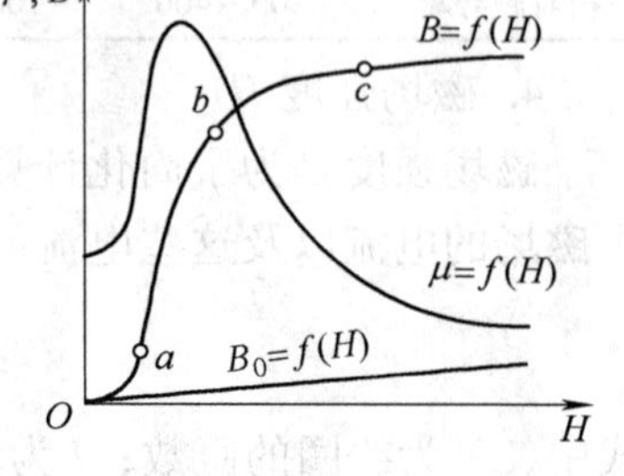

图 5-2　B-H 磁化曲线

在图 5-2 中，$B_0=f(H)$ 为真空中的磁化曲线，是一条直线；$B=f(H)$ 为铁磁物质的起始磁化曲线，即 $H=0$ 时，$B=0$，在 $B=f(H)$ 曲线的 Oa 段，当 H 增大时，B 也随之增大，但增长率并不大；在曲线 ab 段，B 随 H 的增大近乎成正比地增大，且 H 增大时，B 急剧增大，b 点称为 B-H 曲线的膝点，铁心线圈设备的工作点通常设在 b 点附近，因为这时铁心具有较大的磁导率 μ，在曲线 bc 段，随着 H 的增大，B 增大变缓，且 μ 值逐渐减小；在 C 点以后，随着 H 的增大，B 几乎不再增大，这种现象称为铁磁物质的磁饱合，C 点称为饱合点。

3. 磁滞性

铁磁材料在交变磁化(指在大小和方向不断变化的外磁场作用下的磁化)的过程中，磁感应强度的变化滞后于磁场强度的变化，这一现象称为磁滞，如图 5-3 所示。电流完成一个周期变化时，磁感应强度的数值沿闭合曲线 123456 变化，这个闭合曲线称为磁滞回线。图中 2 点对应的磁感应强度 B 值称为剩磁，说明当外磁场为零时，铁磁材料仍保留的部分磁性；3 点对应的磁场强度 H 值称为矫顽力。

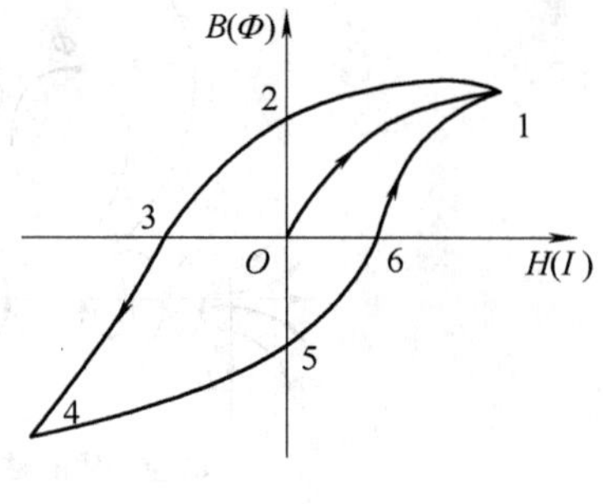

图 5-3　磁滞特性

铁磁材料在交变磁化过程中存在的能量损失称为磁滞损耗。磁滞损耗是导致电机和变压器等电气设备铁心发热的原因之一。

第二节　变压器概述

变压器是一种将交流电量转换为频率相同、电压等级不同的交流电量的静止电器。变压器包含电路和磁路两大组成部分。

变压器是电力系统与供电系统中不可缺少的电气设备。

一、交流铁心线圈电路

线圈是由导线缠绕而成的，缠绕的一圈称为一匝。导线是包有绝缘层的铜线或铝线，因此线圈的匝与匝之间彼此绝缘，即匝间绝缘。线圈构成了交流铁心线圈电路的主体，其作用是完成电能的传输或信号的传递。

不同电气设备的铁心形状各异，对应的磁路如图 5-4 所示。

变压器的基本结构是铁心和线圈，因此变压器的电路实质就是交流铁心线圈电路。其

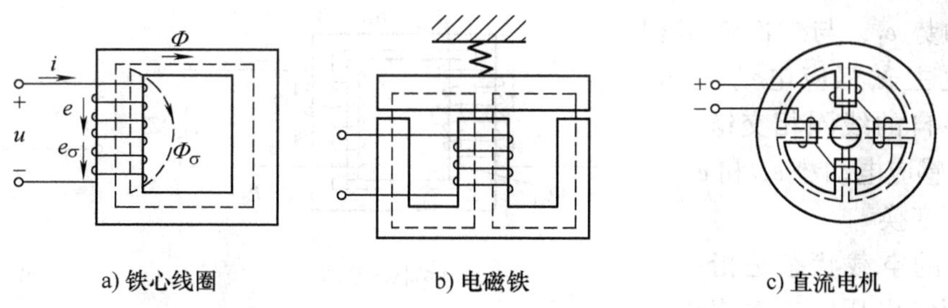

图 5-4　常见的几种磁路

中，绕组由线圈构成。下面以图 5-4a 为例分析铁心线圈电路。

设线圈的电阻为 R，主磁感应电动势为 e，漏磁感应电动势为 e_σ，由 KVL 得

$$u = iR - e - e_\sigma$$

根据楞次定律可知，铁心线圈的主磁感应电动势 e 为

$$e = -N\frac{\mathrm{d}\Phi}{\mathrm{d}t}$$

设主磁通按正弦规律变化，即

$$\Phi = \Phi_\mathrm{m}\sin \omega t$$

则有

$$e = -N\frac{\mathrm{d}\Phi}{\mathrm{d}t} = -\omega N\Phi_\mathrm{m}\cos \omega t = E_\mathrm{m}\sin(\omega t - 90°)$$

主磁感应电动势 e 的有效值为

$$E = \frac{E_\mathrm{m}}{\sqrt{2}} = \frac{\omega N\Phi_\mathrm{m}}{\sqrt{2}} = 4.44fN\Phi_\mathrm{m} \tag{5-4}$$

由于线圈的电阻 R 和漏磁通 Φ_σ 都很小，所以 R 上的电压和漏磁感应电动势 e_σ 也很小，与主磁感应电动势 e 相比可以忽略不计。于是有

$$u \approx -e = N\frac{\mathrm{d}\Phi}{\mathrm{d}t}$$

$$U \approx E = 4.44fN\Phi_\mathrm{m} \tag{5-5}$$

式(5-5)表明，在忽略线圈电阻 R 及漏磁通 Φ_σ 的条件下，当线圈匝数 N 及电源频率 f 一定时，主磁通的幅值 Φ_m 由励磁线圈的外加电压有效值 U 决定，与铁心的材料及尺寸无关。

交流铁心线圈电路的损耗包括铜损和铁损。其中铜损是由线圈导线发热引起的，铁损主要包括磁滞损耗和涡流损耗。通过定性分析可知，在一定的频率下，交变磁化一次的磁滞损耗与磁滞回线所包围的面积成正比，涡流损耗与铁心厚度的二次方成正比。因此，为了减少磁滞损耗和涡流损耗，电机、变压器等设备的铁心常用厚度为 0.35 ~ 0.5mm 的绝缘硅钢片叠压而成。

二、变压器的工作原理

图 5-5a 所示为变压器的结构示意图，其中一次侧各物理量下标用“1”表示，二次侧各物理量下标用“2”表示。变压器的符号如图 5-5b 所示。

一次侧磁通势和二次侧磁通势共同建立了主磁通 Φ，主磁通与一次绕组相交链，产生主

磁感应电动势 e_1，与二次绕组相交链，产生主磁感应电动势 e_2，漏磁通与各自的线圈相交链，分别产生漏磁感应电动势 $e_{\sigma 1}$ 和 $e_{\sigma 2}$。

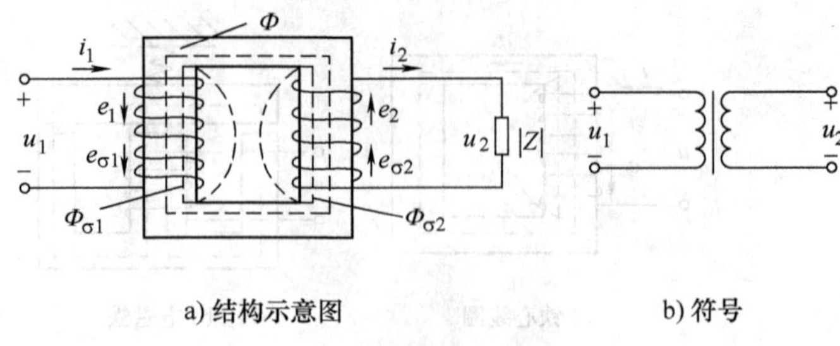

a) 结构示意图　　b) 符号

图 5-5　变压器的结构及符号

1. 电压变换

变压器的空载状态是指一次绕组接上额定电压、二次绕组开路的状态。一次空载电流 i_0 的主要作用是产生主磁通，因而空载电流也称为励磁电流。变压器的空载电流一般都很小，为额定电流的 3% ~8%。

在空载状态下，若忽略一次绕组的电阻电压和漏磁感应电动势，则有

$$U_1 \approx E_1 = 4.44 f N_1 \Phi_m \tag{5-6}$$

二次绕组电流为零，二次绕组的空载电压为

$$U_{20} = E_2 = 4.44 f N_2 \Phi_m$$

则有

$$\frac{U_1}{U_{20}} \approx \frac{E_1}{E_2} = \frac{N_1}{N_2} = k$$

式中，k 称为变压器的电压比。

二次绕组接上负载后，就有了二次电流 i_2，一次电流也随之增大为 i_1。由于二次绕组的电阻压降和漏磁感应电动势很小，远小于 E_2，因此有

$$U_2 \approx E_2 = 4.44 f N_2 \Phi_m \tag{5-7}$$

可得

$$\frac{U_1}{U_2} \approx \frac{E_1}{E_2} = \frac{N_1}{N_2} = k \tag{5-8}$$

如果在三相系统中对交流电压进行变换，则需要使用三相变压器。现代电能的产生、传输和分配都离不开三相变压器。三相变压器有三个铁心柱，每个铁心柱都绕着同一相的两个绕组，一个是一次绕组，另一个是二次绕组。

三相变压器的一、二次绕组均可以接成三角形或星形联结。一次绕组星形联结用 Y 表示，有中性线时用 YN 表示，三角形联结用 D 表示；二次绕组星形联结用 y 表示，有中性线时用 yn 表示，三角形联结用 d 表示。

三相变压器常用的两种联结方式如图 5-6 所示。图 5-6a 所示的联结方式适用于动力和照明混合供电的三相四线制电路，高压侧接成星形，可以降低每相绕组的绝缘要求；低压一般

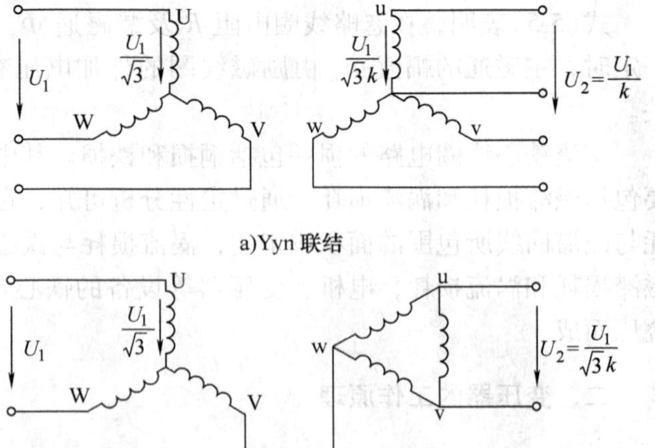

a)Yyn 联结

b)Yd 联结

图 5-6　三相变压器的联结

是400V(单相为230V)，高压不超过35kV，最大容量在1800kV·A左右。图5-6b所示的联结方式主要用在变电站做降压或升压用，低压侧接成三角形，可以减小每相绕组的导线截面积；低压一般是10kV，高压不超过60kV。**注意**：三相变压器的电压比指的是相电压之比。

2. 电流变换

由式(5-6)可知，当 U_1 和 f 不变时，磁路中 Φ_m 也基本不变。因此，带负载时产生主磁通的一、二次绕组的合成磁通势($i_1N_1+i_2N_2$)和空载时产生主磁通的一次绕组磁通势 i_0N_1 基本相等，即

$$i_1N_1+i_2N_2=i_0N_1$$

其相量形式为

$$\dot{I}_1N_1+\dot{I}_2N_2=\dot{I}_0N_1 \tag{5-9}$$

在变压器满载或接近满载工作时，空载电流 i_0 相对于一次电流 i_1 很小，可忽略不计，则可得

$$\dot{I}_1N_1\approx-\dot{I}_2N_2$$

由此可得变压器一、二次电流有效值的比为

$$\frac{I_1}{I_2}\approx\frac{N_2}{N_1}=\frac{1}{k} \tag{5-10}$$

3. 阻抗变换

设接在变压器二次绕组上的负载阻抗 Z 的模为 $|Z|$，如图5-7a所示，则有

$$|Z|=\frac{U_2}{I_2}$$

如图5-7b所示，将 $|Z|$ 折算到一次绕组上，对应的阻抗模 $|Z'|$ 为

$$|Z'|=\frac{U_1}{I_1}=\frac{kU_2}{\frac{I_2}{k}}=k^2\frac{U_2}{I_2}=k^2|Z| \tag{5-11}$$

$|Z'|$ 是从变压器一次绕组看进去的等效负载阻抗。通过选择合适的电压比，可把负载阻抗变换为所需要的数值，这就是变压器的阻抗变换原理。在电子电路和通信工程中，为了提高信号的传输功率，常采用此方法来实现阻抗匹配。

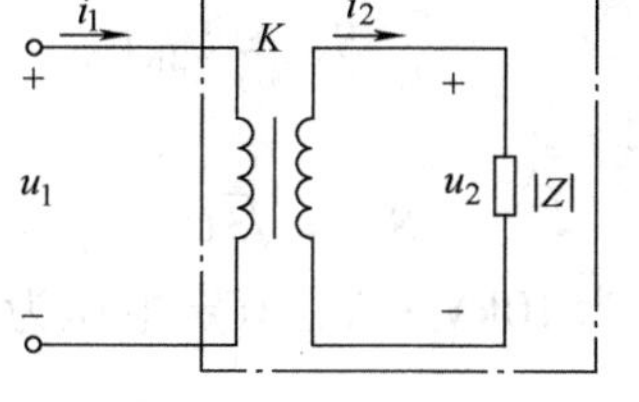

a) 阻抗变换电路

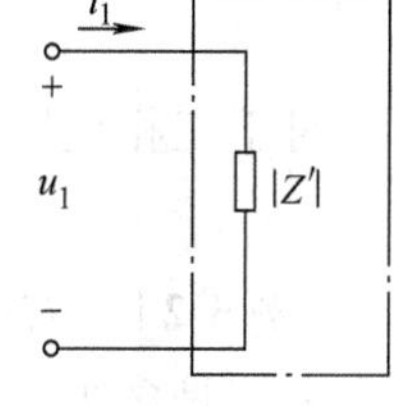

b) 等效电路

图5-7　变压器的阻抗变换

[例5-1]　已知某收音机输出变压器的一次线圈匝数 $N_1=600$ 匝、二次线圈匝数 $N_2=30$ 匝，接有阻抗值为16Ω的扬声器(匹配)，现要改接成4Ω的扬声器，问二次线圈匝数改为多少才能与之匹配？

解：原电压比为

$$k=\frac{N_1}{N_2}=\frac{600}{30}=20$$

则可得对应的一次绕组等效阻抗为

$$|Z'| = k^2|Z| = 20^2 \times 16\Omega = 6400\Omega$$

根据式(5-11)有

$$6400\Omega = \left(\frac{600}{N_2'}\right)^2 \times 4\Omega$$

可得

$$N_2' = 15 \text{ 匝}$$

三、变压器的外特性和额定值

1. 外特性

当电源电压 U_1 和负载功率因数 $\cos\varphi_2$ 一定时，U_2 与 I_2 的变化关系 $U_2 = f(I_2)$ 称为变压器的外特性，如图 5-8 所示。一般用电压变化率 ΔU 来反映电压 U_2 的变化程度，即

$$\Delta U = \frac{U_{20} - U_2}{U_{20}} \times 100\% \tag{5-12}$$

通常希望 U_2 的变化越小越好，对于电力变压器来说，从空载到满载的电压变化率一般不超过 5%。

2. 额定值

(1) 一次额定电压 U_{1N}　是指设计时根据变压器的绝缘强度和允许温升而规定的加在一次绕组上的电压。在三相变压器中是指线电压。

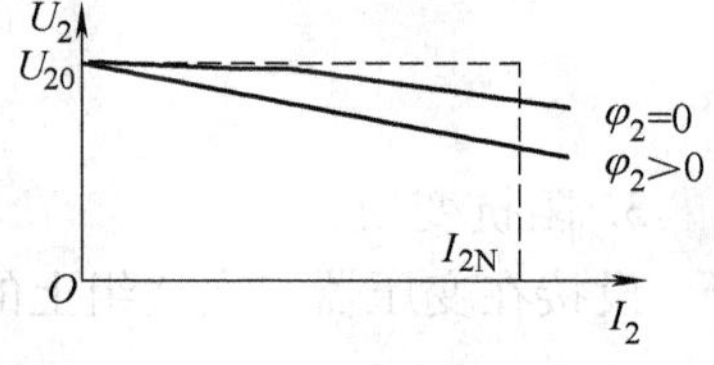

图 5-8　变压器的外特性

(2) 二次额定电压 U_{2N}　是指变压器一次绕组加上额定电压时，二次绕组的空载电压。在三相变压器中是指线电压。

(3) 额定电流 I_{1N}、I_{2N}　是指设计时根据变压器允许温升而规定的绕组中长期允许通过的最大电流。在三相变压器中是指线电流。

(4) 额定容量 S_N　是指在额定工作条件下变压器的视在功率。常用单位为千伏安(kV · A)。

对于单相变压器，有

$$S_N = U_{1N}I_{1N} = U_{2N}I_{2N} \tag{5-13}$$

对于三相变压器，有

$$S_N = \sqrt{3}U_{1N}I_{1N} = \sqrt{3}U_{2N}I_{2N} \tag{5-14}$$

[例 5-2]　有一容量为 10kV · A、额定电压为 4400/220V 的单相变压器。问：一、二次额定电流是多少?

解：

$$k = \frac{U_1}{U_2} = \frac{4400\text{V}}{220\text{V}} = 20$$

根据式(5-13)，可得

$$I_{1N} = \frac{S_N}{U_{1N}} = \frac{10 \times 10^3}{4400}\text{A} = 2.27\text{A}$$

$$I_{2N} = \frac{S_N}{U_{2N}} = \frac{10 \times 10^3}{220}\text{A} = 45.45\text{A}$$

四、变压器绕组的同极性端

有些单相变压器具有两个相同的一次绕组和几个二次绕组，通过不同的连接方式可以适应两种不同的电源电压，输出几种不同的电压。

1. 同极性端的标注

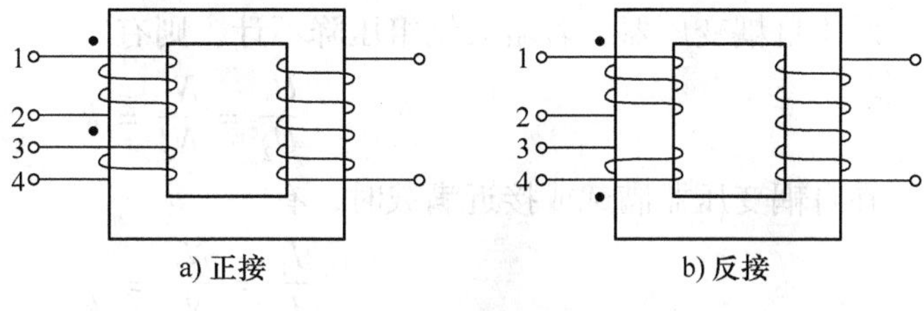

图 5-9　同极性端的标注

小功率电源变压器在使用中有时根据需要可以把绕组串联以提高电压，或把绕组并联以增大电流。在进行绕组连接时必须认清绕组的同极性端，否则就有可能连接错误，导致烧毁变压器。所谓变压器的同极性端(又称同名端)，就是指瞬时极性相同的端点。当向两个绕组分别通以交流电，磁通势所建立的磁通方向在磁路中一致时，两个绕组的电流流入端(或流出端)就是它们的同极性端。如图 5-9a 中的 1 端和 3 端及 2 端和 4 端。标注同极性端时，只标注其中的一对即可。在图 5-9b 中，1、4 端是同极性端。

2. 同极性端的测定

绕组的同极性端和绕组的绕向有关，在已知绕组绕向的基础上，可用右手螺旋定则进行判断；否则，就要用实验的方法进行判断。

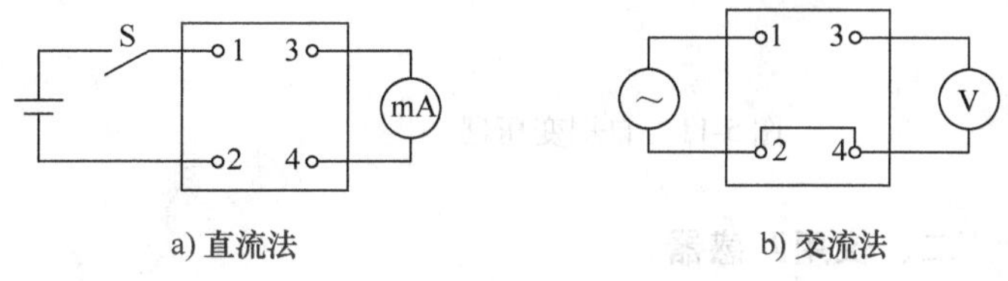

图 5-10　同极性端的测定

直流法测定同极性端的接线如图 5-10a 所示，将其中一个绕组通过开关和电源连接，另一个绕组与直流毫安表相连。在开关闭合瞬间，若毫安表的指针正偏，则说明 1 端和 3 端是同极性端；若反偏，则说明 1 端和 3 端是异极性端，即 1 端和 4 端是同极性端。

交流法测定同极性端的接线如图 5-10b 所示，将两个绕组的任意两端(如 2 端和 4 端)连接在一起，然后在一个绕组的两端(比如 1 端和 2 端)加上一个较低的交流电压。用交流电压表分别测量两绕组的交流电压 U_{12}、U_{34}和 1、3 两端的电压 U_{13}。若满足 $U_{13}=U_{12}-U_{34}$，则说明 1 端和 3 端是同极性端；若满足 $U_{13}=U_{12}+U_{34}$时，则说明 1 端和 4 端是同极性端。

第三节　特殊变压器

特殊变压器就是具有特殊用途的变压器，它们的结构形状虽然各有特点，但基本工作原理都是相同的。

一、自耦变压器

双绕组变压器的一次绕组和二次绕组是相互分开的，两者之间只有磁的联系，没有电的联系。若把变压器的一次绕组、二次绕组合二为一，成为只有一个绕组的变压器，即二次绕组只是一次绕组的一部分，这种变压器称为自耦变压器，如图 5-11 所示。

由于自耦变压器的一次绕组、二次绕组之间不仅有磁的联系还有电的联系，所以它的一次电路和二次电路应采用同一绝缘等级。

注意： 自耦变压器不允许作为安全变压器使用，安全变压器必须是一次绕组和二次绕组分开的双绕组变压器。

对于自耦变压器，若略去绕组压降不计，则有

$$\frac{U_1}{U_2} = \frac{N_1}{N_2} = k \tag{5-15}$$

在自耦变压器满载或接近满载时，有

$$\frac{I_1}{I_2} = \frac{N_2}{N_1} = \frac{1}{k} \tag{5-16}$$

三相自耦变压器的三个绕组通常为星形联结，如图 5-12 所示，一般常用来起动三相交流异步电动机。

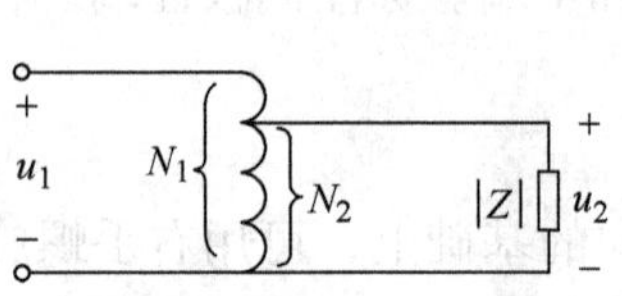

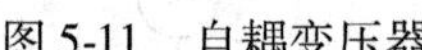

图 5-11　自耦变压器

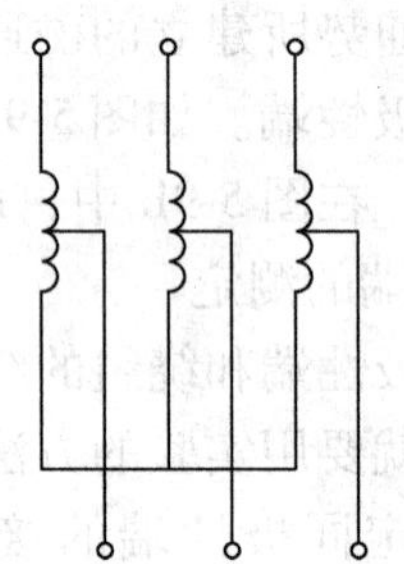

图 5-12　三相自耦变压器

二、仪用互感器

专供测量仪表使用的变压器称为仪用互感器，简称互感器。采用互感器的目的在于使测量仪表与高压电路绝缘，一方面可保证工作的安全性，另一方面可扩大测量仪表的量程。

根据用途的不同，互感器可分为电流互感器和电压互感器两种。

1. 电流互感器

电流互感器如图 5-13 所示。电流互感器的一次绕组线径较粗、匝数较少，与被测电路负载串联；它的二次绕组线径较细、匝数较多，与电流表、功率表、电度表或继电器的电流线圈串联。

由图 5-13 可得

$$\frac{I_1}{I_2} = \frac{N_2}{N_1} = \frac{1}{k} \tag{5-17}$$

电流互感器可用于将大电流变换为小电流，常用来扩大电流表量程。通常，电流互感器二次绕组的额定电流均设计为 5A，电流比有 10/5、20/5、30/5、40/5、50/5、75/5 和 100/5 等。使用时，应根据线路电流大小选择不同电流比的电流互感器。

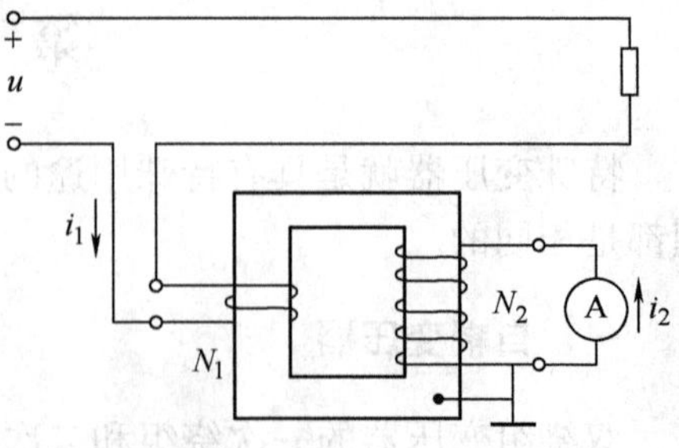

图 5-13　电流互感器

工作时，电流互感器二次绕组的一端和铁心必须接地。在电流互感器的一次绕组接入电

路之前，必须先把二次绕组连成闭合回路，并且二次侧电路在工作中不允许断开。若二次侧电路开路，则会使铁心严重发热，同时二次绕组产生较高的感应电动势，危及设备和人身安全。从运行中的电流互感器上拆除电流表等仪表时，应首先将互感器二次绕组安全可靠短接，然后才能拆除仪表的连接线。

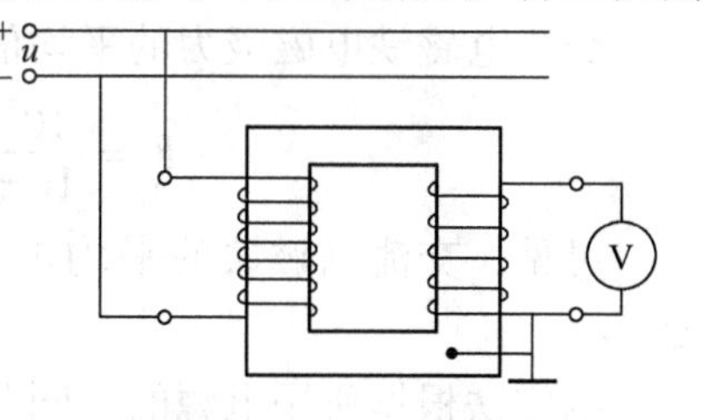

图 5-14　电压互感器

2. 电压互感器

如图 5-14 所示，电压互感器一次绕组的匝数较多，并联于待测电路两端；二次绕组匝数较少，与电压表、电度表、功率表或继电器的电压线圈并联。

电压互感器可用于将大电压变换为小电压，常用来扩大电压表量程。通常，电压互感器二次绕组的额定电压均设计为 100V，电压比有 10000/100、35000/100 等。使用时，应根据线路电压等级选择不同电压比的电压互感器。

3. 钳形电流表

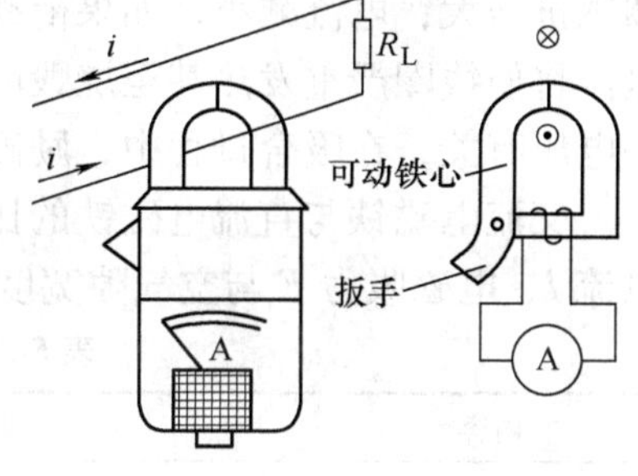

图 5-15　钳形电流表

钳形电流表是电流互感器的另一种形式。如图 5-15 所示，电流表和二次绕组接成闭合回路，铁心可以开合，用于在不断开电路的情况下测量电流。测量时，握紧钳形电流表的扳手，使铁心张开，将通有被测电流的导线放入钳口中，松开扳手后铁心闭合。被测载流导线相当于电流互感器的一次绕组，绕在钳形电流表铁心上的线圈相当于电流互感器的二次绕组。二次绕组感应出电流，使钳形电流表指针偏转，指示出被测电流值(电流表的标度值是按一次电流刻度的)。

【知识链接】

电　磁　铁

电磁铁在生产中有着广泛地应用，其主要原理是用衔铁的动作带动其他机械装置运动，产生机械连动，从而实现控制要求。

电磁铁由线圈、铁心及衔铁三部分组成，常见的结构形式如图 5-16 所示。在电磁铁线圈两端加上额定电压后，衔铁被吸合；当线圈断电时，在复位弹簧的作用下，衔铁复位。

交流电磁铁的电磁吸力瞬时值为

$$f = \frac{10^7}{8\pi}\frac{\Phi^2}{S} \tag{5-18}$$

式中，Φ 为电磁铁的交流磁通；S 为磁路的横截面积。

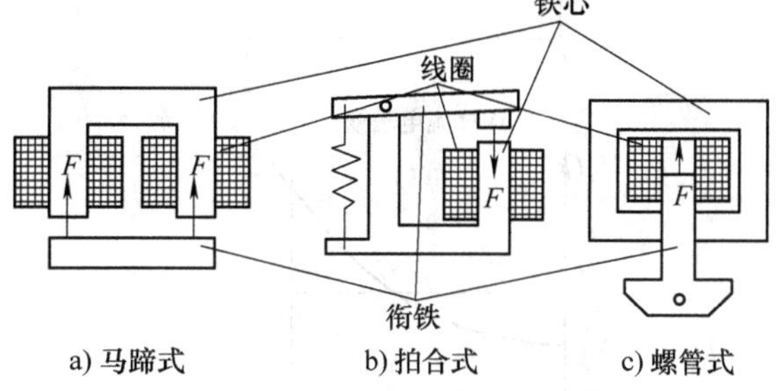

图 5-16　电磁铁的几种结构形式

由于交变磁通在一个周期内两次过零，数值上两次达到最大，因此交流电磁铁的吸力在零和最大值之间脉动，因而引起衔铁颤动，产生噪声。为了消除这种现象，在磁极的部分端面上套一个短路环(或称分磁环)，如图 5-17 所示。工作时，短路环中产生的感应电流阻碍磁通的变化，使得磁极端面两部分中的磁通 Φ' 和 Φ'' 之间产生相位差，使两部分的电磁吸力不同时为零，从而实现消除颤动、降低噪声的目的。

交流电磁铁电磁吸力的平均值为

$$F=\frac{10^7}{16\pi}\frac{\Phi_m^2}{S} \tag{5-19}$$

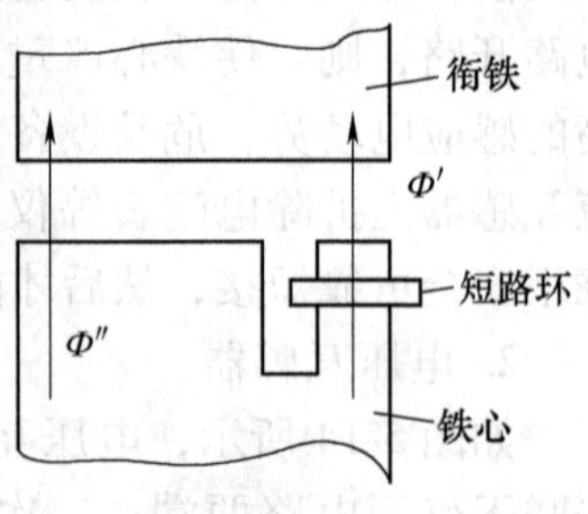

图 5-17　交流电磁铁

可见，交流电磁铁的平均电磁吸力在吸合过程中基本不变。

电磁铁根据所用电源的不同分为两种：交流电磁铁和直流电磁铁。

在交流电磁铁中，为了减少铁损，铁心由钢片叠压而成；直流电磁铁的磁通不变，无铁损，铁心用整块软钢制成。在交流电磁铁中，线圈电流不仅与线圈电阻有关，还与线圈感抗有关。在交流电磁铁的吸合过程中，随着磁路气隙的减小，线圈感抗增大，电流减小；如果衔铁被卡住，通电后衔铁吸合不上，则线圈感抗一直很小，大电流将使线圈严重发热甚至烧毁电磁铁。直流电磁铁的励磁电流仅与线圈电阻及加在线圈上的电压有关，在吸合过程中，励磁电流不变。

交流电磁铁与直流电磁铁的比较见表 5-2。图 5-18 给出了交流电磁铁和直流电磁铁励磁电流 I、电磁吸力 F 与空气隙宽度 δ(简称气隙)的关系。

表 5-2　交流电磁铁与直流电磁铁的比较

内容	直流电磁铁	交流电磁铁
铁心结构	由整块软钢制成，无短路环	由硅钢片制成，有短路环
吸合过程	电流不变，吸力逐渐加大	吸力基本不变，电流减小
吸合后	无振动	有轻微振动
吸合不好时	线圈不会过热	线圈会过热，可能烧坏

图 5-19 所示为机床或起重机的电动机应用电磁铁实现制动(电磁抱闸)，其中电动机和制动轮同轴。

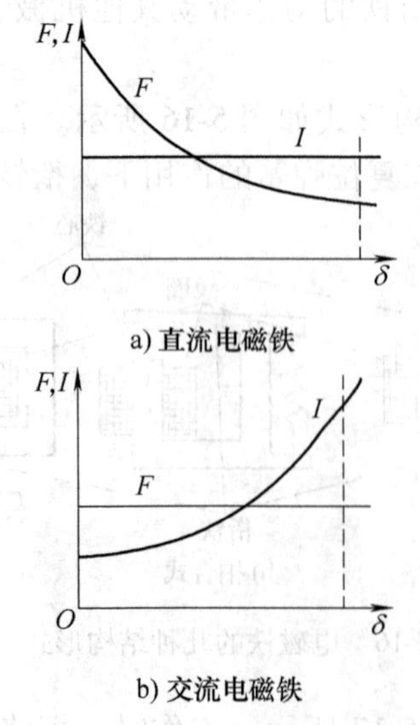

图 5-18　励磁电流、电磁吸力与空气隙的关系

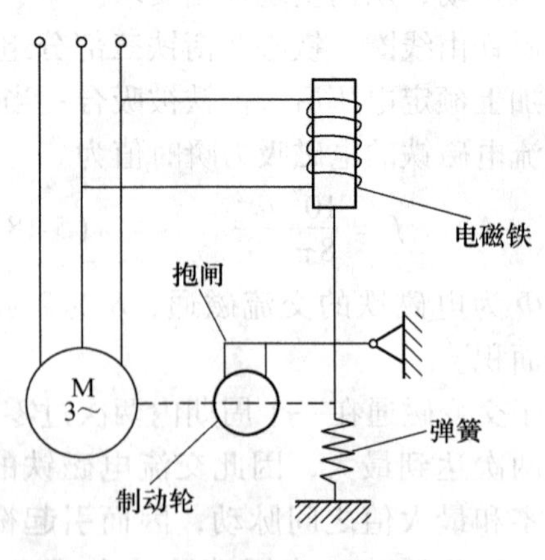

图 5-19　电磁铁的应用实例

习　题　五

5-1　从物理意义上说明变压器为什么能变压，而不能变频率？

5-2　试从物理意义上分析，若减少变压器一次绕组匝数(二次绕组匝数不变)，二次绕组的电压将如何变化？

5-3　变压器一次绕组若接在直流电源上，二次绕组会有稳定的直流电压吗？为什么？

5-4　变压器铁心的作用是什么，为什么它要用0.35mm厚、表面涂有绝缘漆的硅钢片叠压而成？

5-5　变压器有哪些主要部件，它们的主要作用是什么？

5-6　变压器一、二次侧和额定电压的含义是什么？

5-7　有一台D—50/10单相变压器，$S_N=50kV \cdot A$，$U_{1N}/U_{2N}=10500/230$，试求变压器一、二次侧的额定电流？

5-8　一台380/220V的单相变压器，如不慎将380V电压加在二次绕组上，会产生什么现象？

5-9　一台220/110V的变压器，电压比为2，能否一次绕组用2匝，二次绕组用1匝？为什么？

5-10　已知某单相变压器的一次电压为3000V，二次电压为220V，负载是一台220V、50kW的电阻炉，试求一、二次电流各为多少？

5-11　如图5-20所示，已知信号源的电压$U_S=12V$，内阻$R_0=1k\Omega$，负载电阻$R_L=4\Omega$，变压器的电压比$k=10$，求负载上的电压U_2。

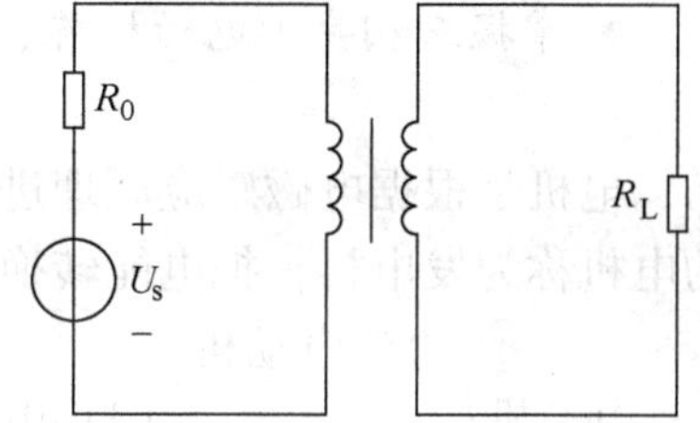

图5-20　题5-11图

5-12　单相变压器的一次绕组$N_1=880$匝，二次绕组$N_2=440$匝，若在一次侧加电压$U_1=220V$，二次侧接电阻性负载，测得二次电流$I_2=5A$，忽略变压器的内阻抗及损耗。试求：1)一次侧的等效阻抗$|Z'|$；2)负载消耗的功率P_2。

5-13　某机修车间的单相行灯变压器，一次额定电压为220V，额定电流为4.55A，二次额定电压为36V。试求二次侧可接36V、60W的白炽灯多少盏？

5-14　已知图5-21所示电路图中，变压器一次绕组1、2端接220V电源，二次绕组3、4端和5、6端的匝数都为一次绕组匝数的一半，额定电流都为1A。

1）在图上标出一、二次绕组的同极性端。

2）该变压器的二次侧能输出几种电压值？分别如何接线？

3）有一负载，额定电压为110V，额定电流为1.5A，能否接在该变压器的二次侧工作？如果能的话，应如何接线？

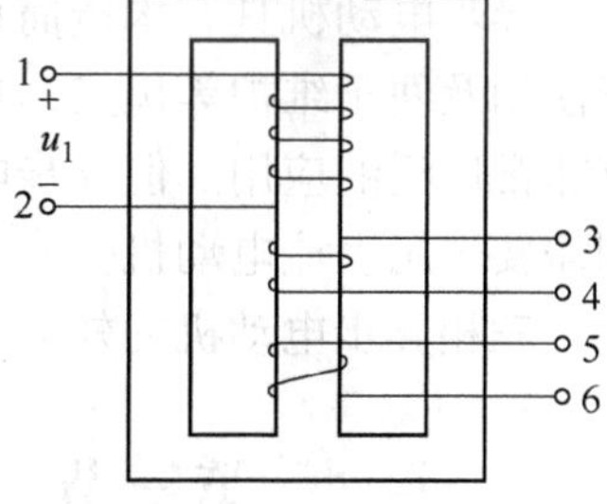

图5-21　题5-14图

5-15　有一台容量为60kV·A的单相自耦变压器，已知$U_1=220V$，$N_1=180$匝，如果要得到$U_2=200V$，二次绕组应在多少匝处抽出线头？

第六章　交流电动机

知识目标：

- 理解三相异步电动机的工作原理。
- 了解三相异步电动机的机械特性。
- 掌握三相异步电动机的运行和控制方法。
- 了解单相异步电动机的工作原理。

技能目标：

- 掌握绝缘电阻表的使用。
- 掌握三相异步电动机首、尾端的测试方法。

电机是根据电磁感应原理进行机械能同电能相互转换的旋转机械。把机械能转换为电能的电机称为发电机，把电能转换为机械能的电机称为电动机。电动机的分类如下：

- 电动机
  - 直流电动机
  - 交流电动机
    - 同步电动机
    - 异步电动机
      - 绕线转子电动机
      - 笼型电动机

本章讨论交流电动机中运用极为广泛的三相异步电动机和单相异步电动机。

异步电动机具有构造简单、价格低廉、工作可靠、便于使用及便于维护等优点，在工农业生产及家用电器中具有非常广泛的应用。但异步电动机的调速性能不及直流电动机，在对调速要求较高的场合，则需要选用直流电动机。

图 6-1　三相异步电动机的外形

三相异步电动机的外形如图 6-1 所示。

第一节　三相异步电动机的结构与工作原理

一、三相异步电动机的结构

三相异步电动机的种类很多，但基本结构是相同的，都是由定子和转子两大基本部分组成，此外，还有端盖、轴承、接线盒及吊环等其他附件。三相笼型异步电动机的结构如图 6-2 所示。为了保证转子能够自由转动，定子和转子之间具有一定的空气隙，中小型电动机的空气隙约在 0.02～1.0mm 之间。

1. 定子部分

三相异步电动机的定子一般由机座、定子铁心和定子绕组三部分组成。

机座是电动机的外壳和支架，起固定和保护作用，一般用铸铁或铸钢浇铸成形。机座的外表要求散热性能好，因此一般都铸有散热片(筋)。

定子铁心是电动机磁路的一部分，由0.35~0.5mm厚、表面涂有绝缘漆的硅钢片叠压成圆筒形状，再压入机座内构成，如图6-3所示。定子铁心内圆周表面沿轴向布有均匀分布的直槽，用于嵌放定子绕组。定子内空心部分称为定子腔。

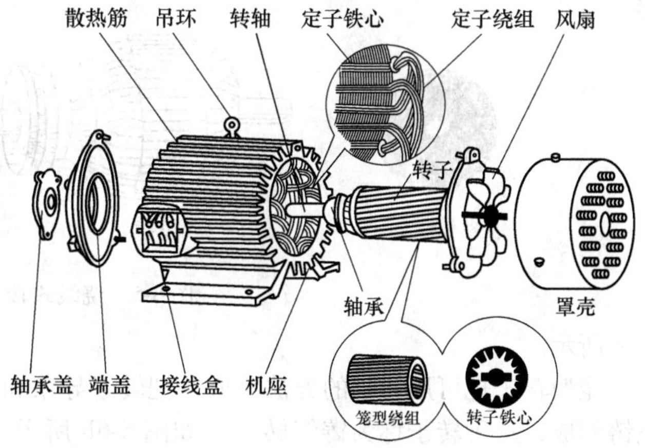

图6-2　三相笼型异步电动机的结构

定子绕组是电动机的电路部分，是用绝缘铜线或铝线绕制而成的，每相绕组可以由多个线圈组成。三相异步电动机有三相绕组，根据电动机需要产生的磁极数不同，三相绕组按不同规律对称地嵌放在定子铁心槽内。

三相定子绕组的六个出线端都引至固定在电动机外壳的接线盒上，盒内有六个接线柱，分别标注 U_1、V_1、W_1、U_2、V_2 和 W_2，这是我国电动机生产厂家使用的统一标记。其中 U_1、V_1、W_1 表示三相绕组的首端，U_2、V_2、W_2 表示三相绕组的尾端。电动机三相定子绕组可以接成星形，也可以接成三角形，如图6-4所示。实际使用时，根据电动机的铭牌标注，按规定连接即可。

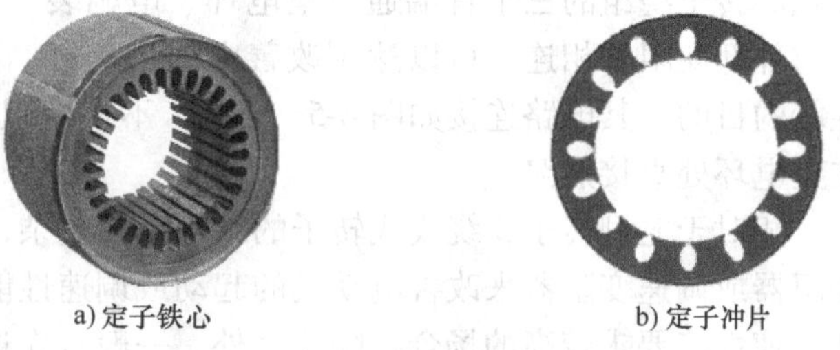

a) 定子铁心　　b) 定子冲片

图6-3　定子铁心及冲片示意图

2. 转子部分

三相异步电动机的转子由转轴、转子铁心和转子绕组三部分组成。

转轴的作用是支撑转子、传递转动力矩和带动负载工作，一般用中碳钢制成。

转子铁心是电动机磁路的另一部分，用绝缘的硅钢片叠压成圆柱形状，固定在转轴上，随转轴转动。转子的外圆周上均匀冲以斜槽，用于嵌放转子绕组，如图6-5所示。

定子铁心、空气隙和转子铁心共同构成了电动机的磁路。

转子绕组自行构成闭合回路，形成了产生转子电流的转子电路。转子电流是由电磁感应作用产生的。

异步电动机的转子分为笼型转子与绕线式转子两种，分别构成笼型异步电动机与绕线式异步电动机。

笼型转子是指在每一个转子铁心槽中放置一根铜条，然后把全部铜条两端分别焊接在两个铜端环上。若把转子铁心去掉，转子铜条和两端的端环构成的形状就像一个鼠笼，故称其为笼型转子，如图

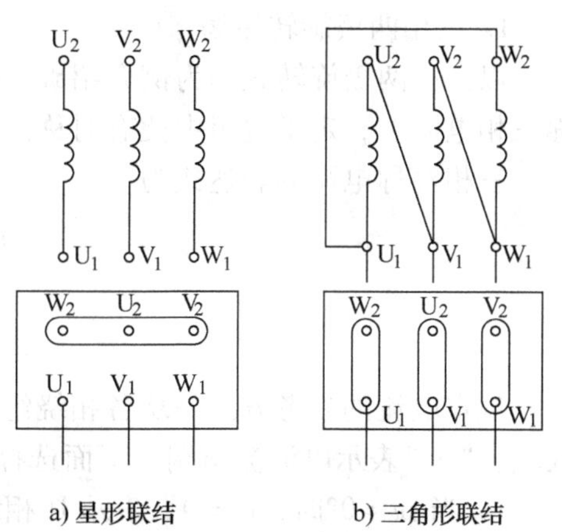

a) 星形联结　　b) 三角形联结

图6-4　定子绕组的联结

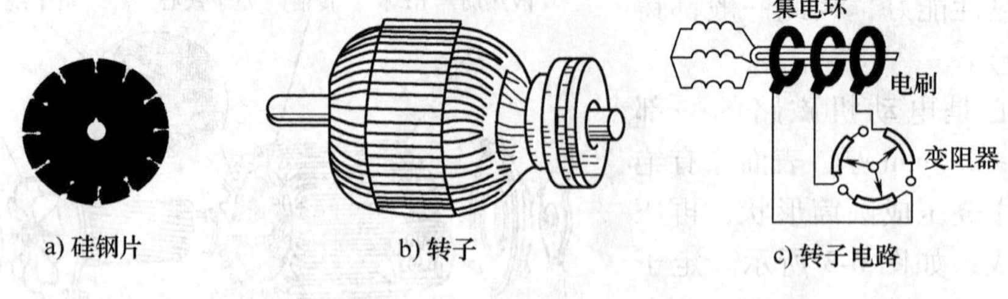

图 6-5 绕线式转子

6-6a 所示。

笼型转子也可用铸铝的方法制成。把转子导条和两端的端环及风扇叶片用熔化的铝一次浇铸而成，这种转子称为铸铝转子，如图 6-6b 所示。100kW 以下的异步电动机一般采用铸铝转子。

绕线式异步电动机的转子绕组与定子绕组一样，也是三相对称绕组，通常接成星形。转子绕组的三个尾端连接在一起，三个首端分别接到三个铜制集电环上，集电环固定在转轴上同轴旋转，与转轴绝缘，且与固定不动的电刷保持滑动接触。转子绕组的三个首端通过集电环、电刷装置与外部变阻器相连，可以达到改善电动机运行性能的目的，其电路连接如图 6-5c 所示。不接变阻器时，可利用电刷装置将三相转子绕组在集电环处直接短路。

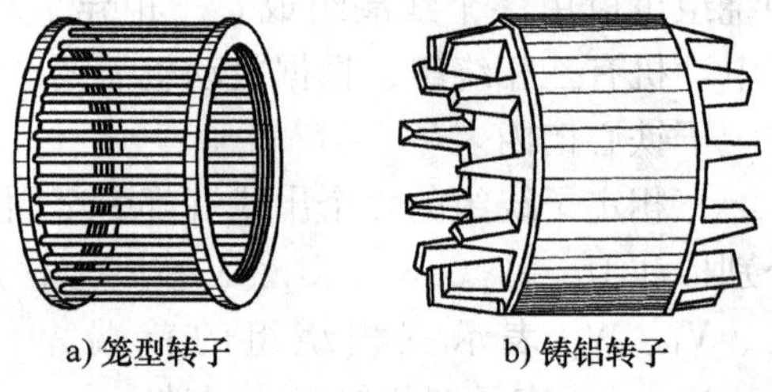

图 6-6 笼型异步电动机的转子

相对于笼型转子，绕线式转子的结构比较复杂，价格也比较贵，但由于它可以串接起动变阻器或调速变阻器来改善电动机的起动或调速性能，因而绕线式电动机常用在对起动性能和调速性能要求较高的场合。除此之外，一般首先选用笼型异步电动机。

二、旋转磁场

异步电动机是利用旋转磁场来工作的。旋转磁场是指磁场的轴线随时间而旋转的磁场。在三相对称定子绕组中通入三相对称电流，就可以在定子腔内产生一个旋转磁场。

1. 三相两极旋转磁场

以三相两极旋转磁场为例介绍旋转磁场的相关知识。把接成星形的三相定子绕组接到对称三相电源上，定子绕组中便有对称的三相电流 i_U、i_V、i_W 流过，如图 6-7 所示。

三相对称电流的表达式为

$$
\begin{aligned}
i_U &= \sqrt{2}I_p\sin\omega t\\
i_V &= \sqrt{2}I_p\sin(\omega t-120°)\\
i_W &= \sqrt{2}I_p\sin(\omega t+120°)
\end{aligned}
\tag{6-1}
$$

规定电流的参考方向是从各相绕组的首端流入尾端流出。在图 6-8 中，“×”表示电流流入端，“·”表示电流流出端。下面选择 4 个瞬时来分析三相交变电流所产生的合成磁场。

1）当 $\omega t=0°$ 时，$i_U=0$，表示 U 相绕组内没有电流，i_V 为负值，表示电流由 V 相绕组的尾端 V_2 流入，首端 V_1 流出；i_W 为正值，表示电流由 W 相绕组的首端 W_1 流入，尾端 W_2 流出。利用右手螺旋定则可知，在 $\omega t=0°$ 的瞬间，由三相电流所产生的合成磁场方向水平向下(上方是 N 极，下方是 S 极)，如图 6-8a 所示，合成磁场有一对磁极，即磁极对数 p 为 1。

2）当 $\omega t=120°$ 时，i_U 为正值，$i_V=0$，i_W 为负值，用同样的方式可判断合成磁场方向沿顺时针方向旋转了 120°，如图 6-8b 所示。

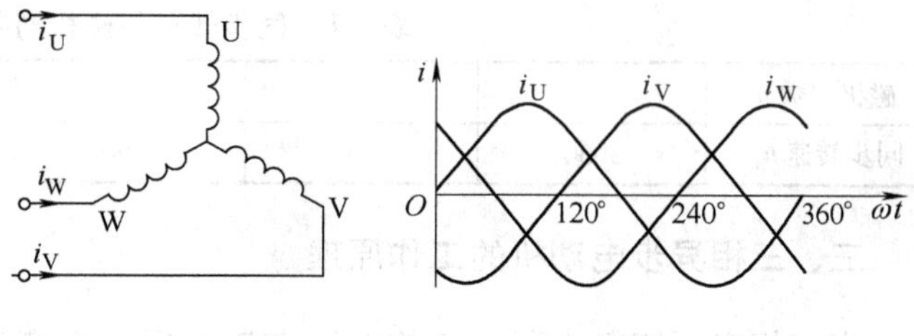

a) 三相交流电路　b) 三相对称电流波形图

图 6-7　三相对称电流

3）当 $\omega t=240°$ 时，i_U 为负值，i_V 为正值，$i_W=0$，合成磁场的方向较 $\omega t=120°$ 时沿顺时针方向又转过了 120°，如图 6-8c 所示。

4）当 $\omega t=360°$ 时，磁场又转回到 $\omega t=0°$ 时的位置，如图 6-8d 所示。

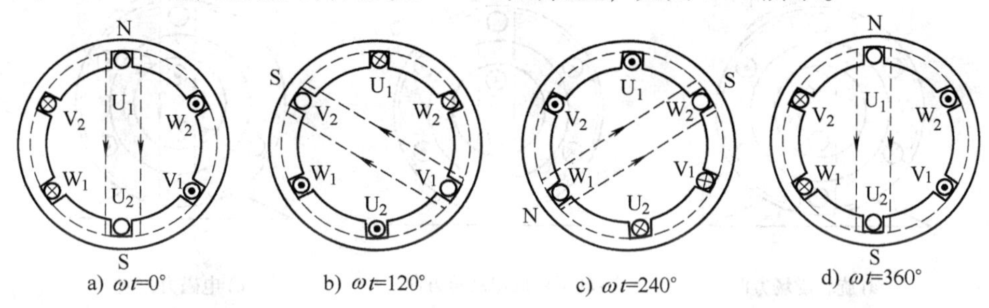

a) ωt=0°　b) ωt=120°　c) ωt=240°　d) ωt=360°

图 6-8　三相两极旋转磁场

2. 旋转磁场的旋转方向

在图 6-8 中，通入 U 相、V 相、W 相绕组的电流分别为 i_U、i_V、i_W，三相交流电的相序为 U 相超前 V 相，V 相超前 W 相，旋转磁场的旋转方向也是从 U 相的位置旋转到 V 相的位置，再旋转到 W 相的位置。由此可见，旋转磁场的旋转方向与三相交流电的相序一致。若任意对调两根电源线，如 V 相和 W 相两相互换，则定子绕组中的电流相序为 U—W—V，旋转磁场的旋转方向也随之变为逆时针方向。综上所述，旋转磁场的旋转方向由通入定子绕组中的三相交流电的相序来决定。

3. 旋转磁场的旋转速度

对于三相两极旋转磁场，三相交流电每变化一周，所产生的旋转磁场也正好旋转一周，因此两极电动机旋转磁场的转速等于三相交流电的变化速度。设电源的频率为 f_1，即电流每秒钟变化 f_1 次，磁场每秒钟转 f_1 圈，则旋转磁场的转速 $n_1=f_1$(r/s)。习惯上用每分钟的转数来表达转速，即 $n_1=60f_1$(r/min)。

经分析，当三相异步电动机产生的旋转磁场有 p 对磁极时，旋转磁场的转速为

$$n_1=\frac{60f_1}{p} \tag{6-2}$$

旋转磁场的转速 n_1 也称为同步转速，单位是 r/min。由式(6-2)可知，它取决于电源频率和旋转磁场的磁极对数。对于工频交流电，同步转速与磁极对数的关系见表 6-1。

表 6-1　同步转速与磁极对数的关系

磁极对数 p	1	2	3	4	5	6
同步转速 n_1	3000	1500	1000	750	600	500

三、三相异步电动机的工作原理

当三相定子绕组中通入三相对称交流电后，就产生了一个以同步转速 n_1 顺时针方向旋转的磁场，如图 6-9a 所示。由于旋转磁场以转速 n_1 顺时针方向旋转，而转子导体开始时是静止的，故转子导体相当于逆时针方向切割旋转磁场而产生感应电动势(用右手定则判定)，如图 6-9b 所示。由于转子自行构成闭合回路，在感应电动势的作用下，转子导体中将产生与感应电动势方向基本一致的感应电流。载流导体在磁场中受到电磁力的作用(用左手定则判定)。电磁力对转轴产生电磁转矩，驱动转子旋转，如图 6-9c 所示，即电动机顺着旋转磁场的方向旋转起来。

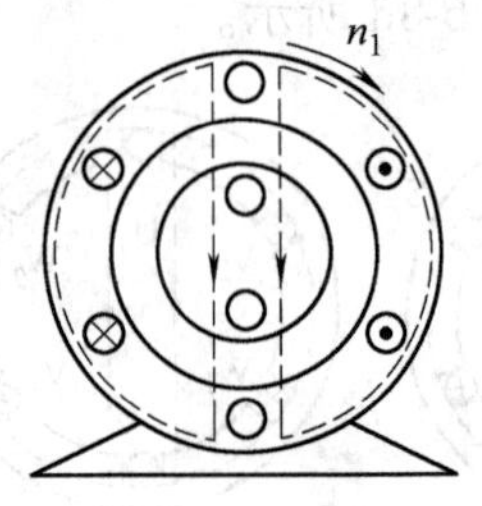

a) 旋转磁场方向

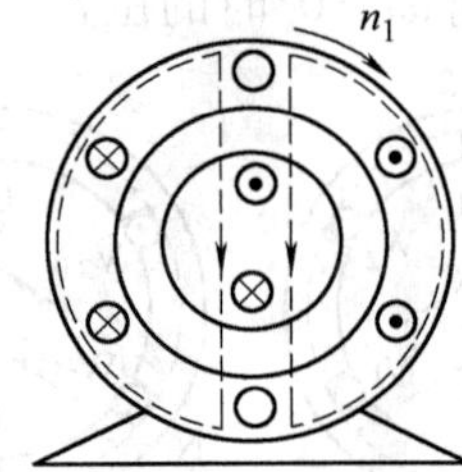

b) 转子感应电动势方向

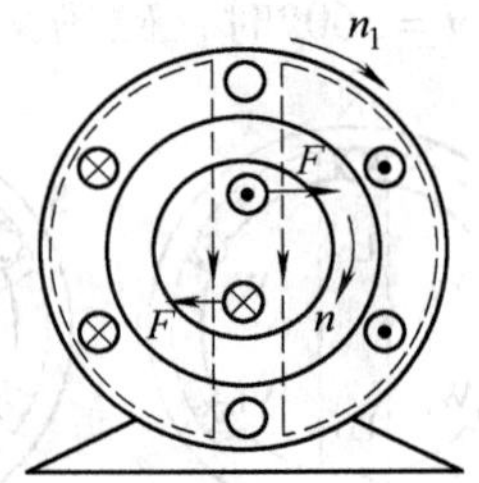

c) 电磁力方向

图 6-9　三相异步电动机的运行原理

综上所述，通入定子绕组中的三相交流电的相序决定旋转磁场的旋转方向，旋转磁场的旋转方向决定电动机的旋转方向。因此，改变三相交流电流的相序，即任意对调两根电源线就可以实现电动机的反方向旋转。

由于产生电磁转矩的前提条件是转子与旋转磁场之间有相对转速，因而电动机在正常运转时，其转速 n 总是略低于同步转速 n_1 的，所以称其为异步电动机。又因为异步电动机的转子绕组并不直接与电源相连，而是依靠电磁感应的原理产生感应电动势和感应电流，故也称其为感应电动机。

转子与旋转磁场之间的相对转速与同步转速之比，称为异步电动机的转差率，用 s 表示，即

$$s = \frac{n_1 - n}{n_1} \times 100\% \tag{6-3}$$

转差率是分析异步电动机运行特性的一个重要参数，可以用小数表示，也可以用百分数表示。一般情况下，异步电动机的额定转差率为 0.02 ~ 0.06，这说明电动机正常工作时的转速略低于同步转速；空载时的转差率在 0.5% 以下。

电动机在起动的瞬间，$n=0$，$s=1$；理想空载状态时，$n=n_1$，$s=0$。因而电动机运行时的转差率为 0 ~ 1，且转子的转速越高，转差率越小。

第二节　三相异步电动机的机械特性

一、电磁转矩

三相异步电动机的电磁转矩 T 是由旋转磁场的每极磁通 Φ 与转子电流 I_2 相互作用而产生的，故电磁转矩与转子电流的有功分量及定子旋转磁场的每极磁通的平均值成正比，即

$$T = K_T \Phi I_2 \cos\varphi_2 \tag{6-4}$$

式中，T 为电磁转矩；K_T 为转矩常数；Φ 为旋转磁场每极磁通的平均值；I_2 为转子绕组电流的有效值；φ_2 为转子电流与转子电动势的相位差。

若考虑电源电压及电动机的一些参数与电磁转矩的关系，可得

$$T = K'_T \frac{sR_2U_1^2}{R_2^2 + (sX_{20})^2} \tag{6-5}$$

式中，K'_T为常数；U_1 为电源电压；s 为转差率；R_2 为转子每相绕组的电阻；X_{20}为转子静止时每相绕组的感抗。

由式(6-5)可知，电磁转矩 T 与电源电压 U_1 的二次方成正比，所以当电源电压有所变化时，对电磁转矩的影响很大。此外，电磁转矩 T 还受转子电阻 R_2 的影响。

［**例 6-1**］　有一台 4 极异步电动机，电源频率为 50Hz，转速为 1440r/min，试求这台异步电动机的转差率。

解：因为是 4 极电动机，所以同步转速为

$$n_1 = \frac{60f_1}{p} = \frac{60 \times 50}{2}\text{r/min} = 1500\text{r/min}$$

转差率为

$$s = \frac{n_1 - n}{n_1} \times 100\% = \frac{1500 - 1440}{1500} \times 100\% = 4\%$$

二、机械特性曲线

电动机的电磁转矩 T 和转差率 s 之间的关系曲线 $T=f(s)$ 称为电动机的电磁转矩特性曲线，如图 6-10a 所示。

电动机的机械特性是指电动机的转速与电磁转矩之间的关系，其关系曲线 $n=f(T)$ 称为电动机的机械特性曲线，如图 6-10b 所示。

在机械特性曲线上主要讨论三个转矩，即额定转矩、最大转矩和起动转矩。

1. 额定转矩 T_N

额定转矩 T_N 是异步电动机带额定负载时转轴上的输出转矩，有

$$T_N = 9550\frac{P_2}{n_N} \tag{6-6}$$

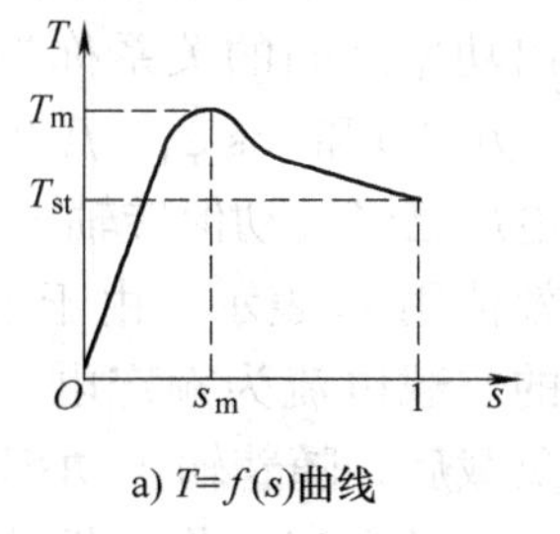

a) $T=f(s)$曲线

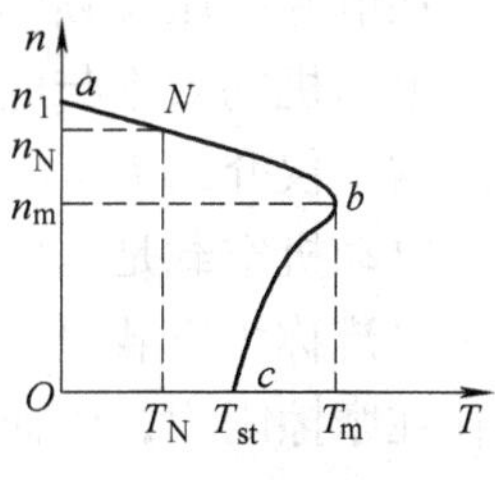

b) $n=f(T)$曲线

图 6-10　三相异步电动机的特性曲线

式中，P_2 是电动机轴上输出的机械功率，单位是千瓦(kW)；n_N 为额定转速，单位是转/分(r/min)；T_N 是额定转矩，单位是牛·米(N·m)。

当忽略电动机本身机械摩擦转矩 T_0 时，阻转矩近似为负载转矩 T_L。当电磁转矩 T 等于转轴上的阻转矩 T_L 时，电动机稳速运转。电动机带额定负载时，则有 $T_L = T_N$。图 6-10b 中的 N 点是电动机的额定工作点，电动机运行于 N 点或 N 点附近时，具有较高的工作效率。

2. 最大转矩 T_m

最大转矩 T_m 对应的转差率称为临界转差率，用 s_m 表示，如图 6-10a 所示。通常异步电动机的 s_m 为 0.02 ~0.04。由于临界转差率数值较小，说明当电动机负载变化时，其转速变化不大，这种特性称为硬特性，适用于金属切削机床等机械。

电动机的额定转矩小于其最大转矩。若额定转矩接近最大转矩，则电动机略微过载，便会因带不动负载而立即停转(堵转)，这时若不立即切断电源，大的堵转电流会迅速使电动机的温度升高，进而烧毁电动机。因此电动机必须有一定的过载能力，以保证电动机短时过载(不超过最大转矩)时，仍能稳定运行。过载系数定义为最大转矩 T_m 与额定转矩 T_N 的比值，用 λ 表示，即

$$\lambda = \frac{T_m}{T_N} \tag{6-7}$$

过载系数是衡量电动机短时过载能力的一个重要参数。Y 系列异步电动机的过载系数为 2.0 ~2.2。在选用电动机时，必须考虑可能出现的最大负载转矩，所选电动机的最大转矩必须大于最大负载转矩。否则，就得重选电动机。

3. 起动转矩 T_{st}

起动转矩 T_{st}是电动机起动初始瞬间(即 $n=0$，$s=1$ 时)的转矩。虽然起动时转子电流较大，但由于转子电路的功率因数 $\cos\varphi_2$ 很低，因此起动转矩并不是很大。

只有当起动转矩大于负载转矩时，电动机才能起动。起动转矩越大，起动时间就越短，起动性能就越好。

起动转矩与额定转矩的比值称为起动转矩倍数，用 K_{st}表示，即

$$K_{st} = \frac{T_{st}}{T_N} \tag{6-8}$$

K_{st}反映了电动机的起动能力，一般 Y 系列三相异步电动机的起动转矩倍数为 1.7 ~2.2。

三、电动机的工作特性

在电源电压及频率不变的情况下，电动机的转速、转矩、定子电流、定子电路的功率因数、电动机的效率与电动机输出功率之间的关系称为异步电动机的工作特性。如图 6-11 所示。这里仅介绍 $I_1=f(P_2)$、$\eta=f(P_2)$ 和 $\cos\varphi_1=f(P_2)$ 三条曲线。

电动机空载是指电动机通电后已经转动但转轴上没有带任何机械负载时的情况。这时的定子电流称为空载电流，其有效值用 I_{10}表示。由于电动机的磁路包含空气隙，且空载转动时存在摩擦阻力，因而电动机的空载电流为额定电流的 20% ~40%，比同容量变压器的空载电流大的多。当电动机加上负载后，随着输出功率 P_2 的增加，电动机转速下降，转子电流增大，定子电流也随之增大。定子电流工作特性曲线 $I_1=f(P_2)$ 如图 6-11 所示，图中 P_N

为电动机的额定功率。

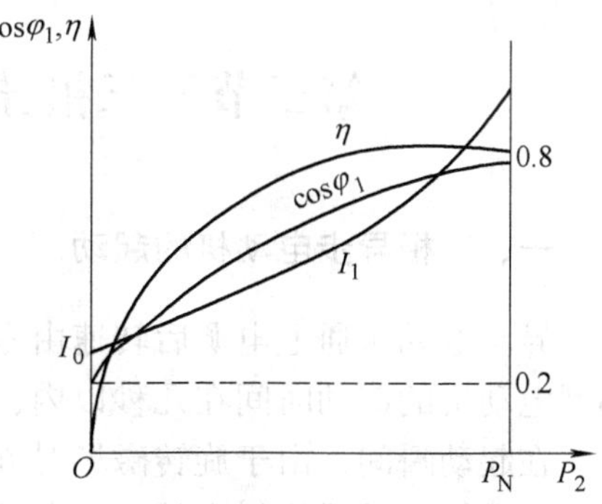

图 6-11　异步电动机的工作特性图

由于电动机的空载电流主要是用来产生工作磁通的励磁电流，属于电流的无功分量，因此定子电路空载时功率因数很低，通常只有0.2~0.3。电动机带负载工作后，励磁电流基本不变，电流中增大的主要是电流的有功分量，所以随着负载的逐渐增大，功率因数逐渐增大，额定运行时，功率因数为0.7~0.9。因此，选用电动机的容量时，应根据负载的情况正确选用，使其尽量在满载或接近满载的情况下运行，避免“大马拉小车”现象的出现，以达到节能的目的。功率因数工作特性曲线 $\cos\varphi_1=f(P_2)$ 如图 6-11 所示。

电动机的效率 η 是指输出功率 P_2 与输入功率 P_1 的比值，即

$$\eta=\frac{P_2}{P_1}\times100\%=\frac{P_2}{\sqrt{3}U_1I_1\cos\varphi_1}\times100\%=\frac{P_2}{P_2+p_{Cu}+p_{Fe}+p_m}\times100\% \qquad (6\text{-}9)$$

式中，p_{Cu}为电动机的铜损；p_{Fe}为电动机的铁损；p_m 为电动机的机械损耗。随着负载的逐渐增大，电动机的输出功率逐渐增大。铁损、机械损耗都为常数，开始时铜损很小，效率增大很快；后来因铜损增加速度较快，效率开始减小。从图 6-11 中的效率工作特性曲线 $\eta=f(P_2)$可以看出，最大效率出现在额定功率的80%左右。

四、电动机的负载能力自适应分析

如图 6-10b 所示，当电动机的起动转矩大 T_{st}大于负载转矩 T_N 时，电动机起动，转速逐渐升高，电磁转矩 T 随着 n 的升高而逐渐增大(沿 cb 曲线)，达到最大转矩后，电磁转矩 T 随 n 的升高反而逐渐减小(沿 ba 曲线)。当 $T=T_N$ 时，电动机稳速运行。

以临界转差率 s_m 对应的临界转速 n_m 为界，曲线分为两个不同特征的区域。ab 为稳定区，bc 为不稳定区。在稳定区，当负载转矩发生变化时，电磁转矩可以自动调整，最后达到新的平衡状态使电动机稳定运行，即负载增大时转速降低，负载减少时转速升高。

电动机在工作时，它所产生的电磁转矩 T 能够在一定的范围内自动调整以适应负载的变化，这种特性称为自适应负载能力。

[例 6-2]　已知两台 380V 的异步电动机额定功率都是 10kW，若 $n_1=2930\text{r/min}$，$n_2=1440\text{r/min}$，过载系数都是 2.2，求两台异步电动机的额定转矩和最大转矩。

解：第一台电动机：

$$T_{1N}=9550\frac{P_2}{n_N}=9550\times\frac{10}{2930}\text{N}\cdot\text{m}=32.6\text{N}\cdot\text{m}$$

$$T_{1m}=2.2T_N=2.2\times32.6\text{N}\cdot\text{m}=71.7\text{N}\cdot\text{m}$$

第二台电动机：

$$T_{2N}=9550\frac{P_2}{n_N}=9550\times\frac{10}{1440}\text{N}\cdot\text{m}=66.3\text{N}\cdot\text{m}$$

$$T_{2m}=2.2T_N=2.2\times66.3\text{N}\cdot\text{m}=145.9\text{N}\cdot\text{m}$$

通过对比可知，容量一样的电动机，转速越高，额定转矩越小。

第三节　三相异步电动机的起动、调速与制动

一、三相异步电动机的起动

异步电动机通上电源后转速由零开始增大直到稳速运行的过程称为起动过程。一般中、小型电动机的起动时间在几秒以内，大型电动机的起动时间为十几秒到几十秒。

在起动瞬间，由于旋转磁场对静止的转子有最大的相对转速，磁力线切割转子导体的相对速度最快，转子绕组中的感应电动势和感应电流均最大，因此，定子绕组中出现最大起动电流。一般中、小型笼型异步电动机的起动电流可达额定电流的 5～7 倍。由于起动时间很短，只要不是频繁起动，大的起动电流不会导致电动机本身因过热而损坏。

电动机起动时，一是要有足够大的起动转矩，以尽可能地缩短起动时间；二是要尽量减小起动电流，以避免大的起动电流影响接在同一线路上的其他负载正常工作；三是要求起动设备简单、经济，便于操作和维护。

1. 直接起动

直接起动又称全压起动，是通过刀开关给电动机的定子绕组直接加上额定电压的起动方式，如图 6-12 所示。

直接起动的优点是设备简单、操作便利和起动时间短。一般适用于容量在 10kW 以下的电动机。对于电动机容量和电源容量都较大的场合，如果起动电流 I_{st} 和额定电流 I_N 能满足式(6-10)，电动机也可以直接起动。

$$\frac{I_{st}}{I_N} \leqslant \frac{1}{4}\left[3 + \frac{\text{电源容量(kV·A)}}{\text{电动机容量(kW)}}\right] \tag{6-10}$$

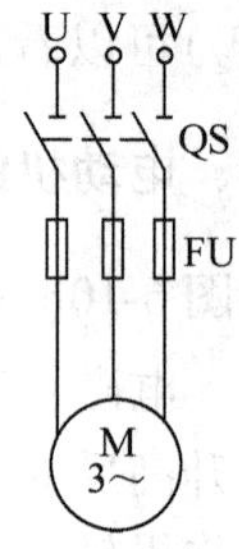

图 6-12　直接起动

2. 减压起动

减压起动是指在电动机起动时降低加在定子绕组上的电压，以减小起动电流，待转速上升到接近额定转速时，再恢复到全压运行的起动方式。由于电动机的电磁转矩与电压的二次方成正比，采用减压起动的方式，在减小起动电流的同时也大大减小了起动转矩，因此只适用于电动机的空载或轻载起动。下面介绍几种减压起动的方式。

(1) 定子电路串电阻的减压起动　如图 6-13 所示，电路连接电源后，闭合 QS，电动机定子电路串电阻减压起动；当电动机转速升高到接近额定转速时，再闭合 SA，电动机全压运行。这种起动方式适用于小容量的电动机，优点是起动设备简单、操作方便，缺点是起动阶段耗能大。

(2) 星形-三角形(Y-△)减压起动　如图 6-14 所示，这种起动方式是在电动机起动时将三相定子绕组接成星形，待电动机转速上升到接近额定转速时再换成三角形联结。这样，在电动机起动时就把定子每相绕组上的电压降到正常工作电压的 $1/\sqrt{3}$。

Y-△减压起动的方式适用于正常运行时定子绕组为三角形联结的电动机。其优点是线路起动电流为全压起动时的 1/3，起动设备体积小、成本低、寿命长及动作可靠，起动过程中基本没有能量损失；缺点是起动转矩只有全压起动时的 1/3。

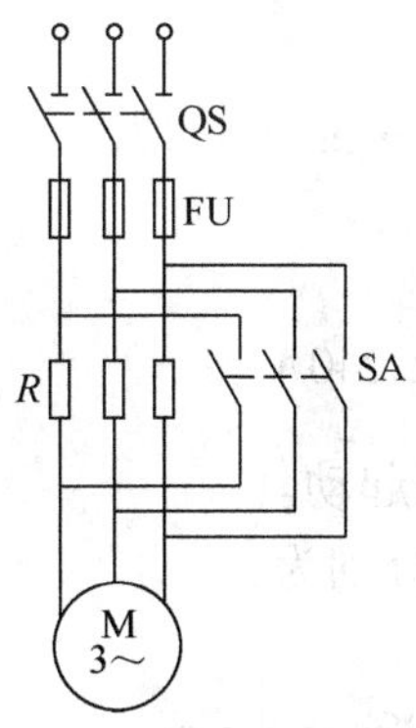

图 6-13　定子电路串电阻减压起动

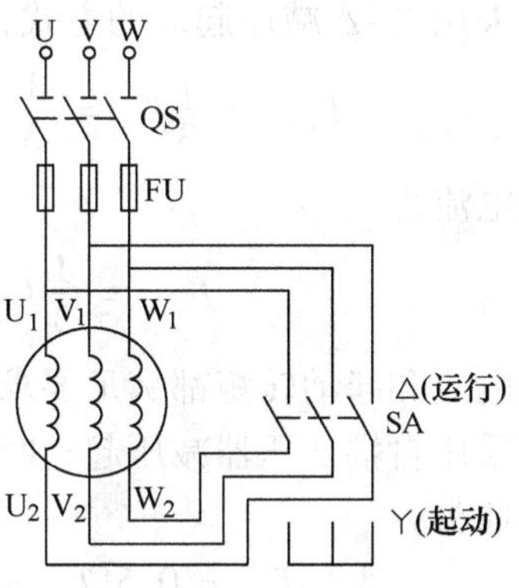

图 6-14　Y-△减压起动

(3) 自耦变压器减压起动　这种起动方式是利用三相自耦变压器将电动机在起动过程中的端电压降低。如图 6-15 所示，起动时，先把开关 SA 扳到“起动”位置，电动机以较低的电压起动；当转速接近额定值时，再将 SA 扳到“运行”位置，从电网上切除自耦变压器，电动机进入全压运行状态。

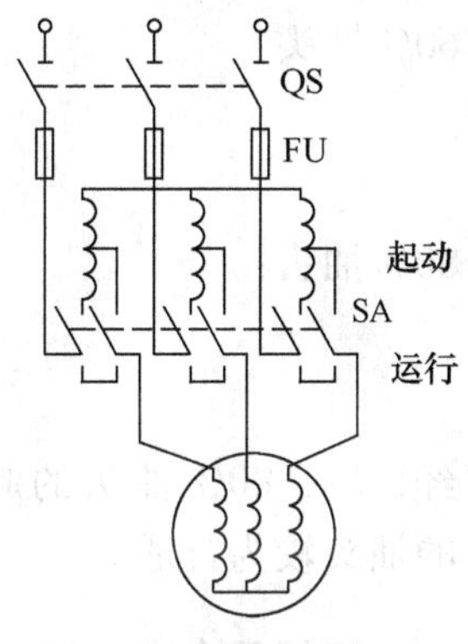

图 6-15　自耦变压器减压起动

采用自耦变压器减压起动，能使起动电流和起动转矩减小为直接起动时的 $1/k^2$，k 是自耦变压器的电压比。自耦变压器绕组上备有抽头，如 40%、60% 和 80% 等，可按照允许的起动电流和所需的起动转矩选择不同的抽头。正常运行时为星形联结或容量较大的笼型异步电动机常采用这种起动方式。其缺点是设备费用高，且不宜频繁起动。

[**例 6-3**]　已知一台三相笼型异步电动机，功率 $P_N = 75\text{kW}$，△联结运行，$U_N = 380\text{V}$，$I_N = 126\text{A}$，$n_N = 1480\text{r/min}$，$T_{st}/T_N = 1.9$，$I_{st}/I_N = 5.0$，负载转矩 $T_L = 100\text{N}\cdot\text{m}$。现要求电动机起动时 $T_{st} \geqslant 1.1T_L$，$I_{st} < 240\text{A}$，问：(1) 电动机能否直接起动？(2) 电动机能否采用Y-△减压起动？(3) 若采用三个抽头的自耦变压器减压起动，则应该选用 50%、60%、80% 中的哪个抽头？

解：(1) 计算起动转矩、起动电流，看能否满足要求。

电动机的额定转矩为

$$T_N = 9550\frac{P_N}{n_N} = 9550 \times \frac{75}{1480}\text{N}\cdot\text{m} = 483.95\text{N}\cdot\text{m}$$

直接起动时的起动转矩为

$$T_{st} = 1.9T_N = 1.9 \times 483.95\text{N}\cdot\text{m} = 919.5\text{N}\cdot\text{m}$$

$$1.1T_L = 1.1 \times 100\text{N}\cdot\text{m} = 110\text{N}\cdot\text{m}$$

直接起动时的起动电流为

$$I_{st} = 5I_N = 5 \times 126\text{A} = 630\text{A}$$

直接起动时的起动电流远大于题目要求的 240A。

经计算可知，起动转矩虽然满足要求，但起动电流却大于供电系统要求的最大电流，故不能采用直接起动。

(2) 采用Y-△减压起动的方式，则起动转矩为

$$T_{stY} = \frac{1}{3}T_{st} = \frac{1}{3} \times 919.5\text{N} \cdot \text{m} = 306.5\text{N} \cdot \text{m} > 1.1T_L$$

起动电流为

$$I_{stY} = \frac{1}{3}I_{st} = \frac{1}{3} \times 630\text{A} = 210\text{A} < 240\text{A}$$

起动电流和起动转矩都满足要求，故可以采用Y-△减压起动。

(3) 采用自耦变压器减压起动时，起动电流和起动转矩分别为

50%抽头：

$$T_{st1} = 0.5^2 T_{st} = 0.5^2 \times 919.5\text{N} \cdot \text{m} = 229.88\text{N} \cdot \text{m}$$
$$I_{st1} = 0.5^2 I_{st} = 0.5^2 \times 630\text{A} = 157.5\text{A}$$

60%抽头：

$$T_{st2} = 0.6^2 T_{st} = 331.02\text{N} \cdot \text{m}$$
$$I_{st2} = 0.6^2 I_{st} = 226.8\text{A}$$

80%抽头：

$$T_{st3} = 0.8^2 T_{st} = 588.48\text{N} \cdot \text{m}$$
$$I_{st3} = 0.8^2 I_{st} = 403.2\text{A}$$

经比较，80%抽头的起动电流大于起动要求，60%抽头的起动电流较大，所以选用50%的抽头较为合适。

二、三相异步电动机的调速

调速就是在同一负载下通过改变电路参数而达到使电动机转速变化的目的，以满足生产过程的要求。

由转速与转差率的关系可知

$$n = (1-s)n_1 = (1-s)\frac{60f_1}{p} \tag{6-11}$$

可见，改变电源频率 f_1、磁极对数 p 或转差率 s 都可以达到调速的目的。前两者是笼型电动机的调速方法，最后一个是绕线式电动机的调速方法。

1. 变频调速

当磁极对数 p 和转差率 s 不变时，电动机转子转速与电源频率成正比。因此，连续地改变供电电源的频率，就可以实现连续平滑地调速，这种方法称为变频调速。

异步电动机变频调速具有调速范围广、平滑性能好及机械特性较硬等优点，是一种较理想的调速方法；缺点是需要专门的变频装置(由晶闸管整流器和晶闸管逆变器组成)，设备复杂，成本较高，但随着电子器件成本的不断降低，这种调速的应用将越来越广泛。

2. 变极调速

定子磁场的磁极对数取决于定子绕组的结构，通过改变定子绕组的连接方式来改变旋转磁场的磁极对数，从而达到调速的目的，这种方法称为变极调速。

绕组磁极对数可以改变的电动机称为多速电动机，现有双速、三速及四速等几种类型。

由于磁极对数只能成对地改变，所以变极调速属于有级调速，不能实现平滑调速。

采用变极调速的方式，调速的平滑性差，但这种方式经济、简单，且机械特性硬，稳定性好，常用于金属切削机床或其他生产机械上，以简化机械变速装置。

3. 改变转差率调速

在绕线式异步电动机的转子电路中串入一个三相调速变阻器，就能平滑地调节绕线式电动机的转速。但变阻器增加了损耗，故常用于短时调速或调速范围不太大的场合，这种方法属于改变转差率调速。

另外，降低电源电压也属于改变转差率的调速方式，如家用电风扇大多采用这种方法调速。通过串联可变电抗器降低电源电压后，电磁转矩减小，由于泵类、风机类负载的阻转矩随着转速的降低而减小，因此具有一定的调速范围。

综上所述，异步电动机的各种调速方法都不太理想，所以异步电动机常用于要求转速比较稳定或对调速性能要求不高的场合。

三、三相异步电动机的制动

电动机切断电源后，由于惯性作用不可能立即停转。在某些生产机械上要求电动机断电后必须迅速停转，以提高生产效率，因此需要对电动机进行制动。

三相异步电动机的制动方法分为机械制动和电气制动两类。机械制动是利用机械装置使电动机断电后迅速停转，应用较普遍的是电磁抱闸。例如，在起重机上吊重物时，应用电磁抱闸可以使重物迅速而准确地停留在某一位置上。电气制动是使电动机产生一个与旋转方向相反的电磁转矩，促使它在断电后很快地减速或停转，这时的转矩称为制动转矩。本书重点介绍电气制动的方法。电气制动通常可分为能耗制动、反接制动和回馈制动。

1. 能耗制动

如图 6-16 所示，在电动机脱离三相电源的同时，给定子绕组接入一直流电源，使直流电流通入定子绕组。直流电流在电动机中产生一个方向恒定的磁场，从而使转子受到与其本身旋转方向相反的电磁力的作用，产生制动转矩 T_Z，实现制动。当 $n=0$ 时，$T_Z=0$，制动过程结束。

由于这种制动方法是将转子的动能转变为电能消耗在转子回路的电阻上，所以称为能耗制动。能耗制动的优点是制动准确而平稳，对转子无冲击，但需要直流电源。在一些机床中常采用这种制动方法。

2. 反接制动

如图 6-17 所示，电动机停车时将开关迅速从“运行”侧扳至“制动”侧，将三相电源中的任意两相对调，使电动机产生的旋转磁场改变方向，电磁转矩方向也随之改变，成为制动转矩。

当转子转速接近零时，应及时切断电源，以免电动机反转。由于反接制动时旋转磁场与转子间的相对运动加快，因而电流较大。对功率较大的电动机进行反接制动时必须在定子电路（笼型）或转子电路（绕线转子）中串接限流电阻。

这种制动方法简单，制动能力强，效果较好，但制动过程中的冲击也较强烈，易损坏传动器件，且频繁反接制动会使电动机过热。该方法适用于部分中型车床和铣床的主轴制动。

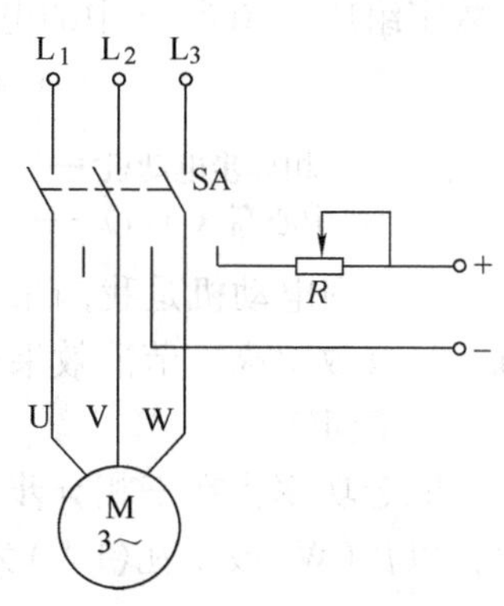

图 6-16　能耗制动

3. 回馈制动

当电动机转速超过旋转磁场的同步转速 n_1 时，电磁转矩的方向与转子的运动方向相反，从而限制了转子的转速，起到了制动的作用。例如，当起重机快速下放重物时，重物拖动转子，使其转速 $n > n_1$，重物受到制动后等速下降。由于当转子转速大于旋转磁场的同步转速时，有电能从电动机的定子回馈给电源，实际上这时电动机已经转入发电机运行状态了，所以这种制动方式称为回馈制动。如图 6-18 所示。

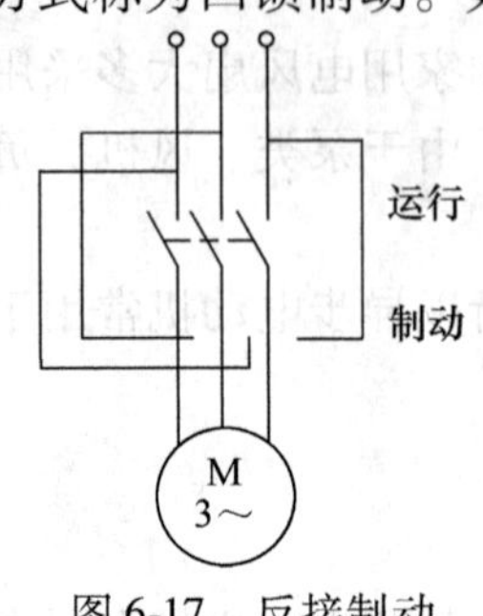

图 6-17　反接制动

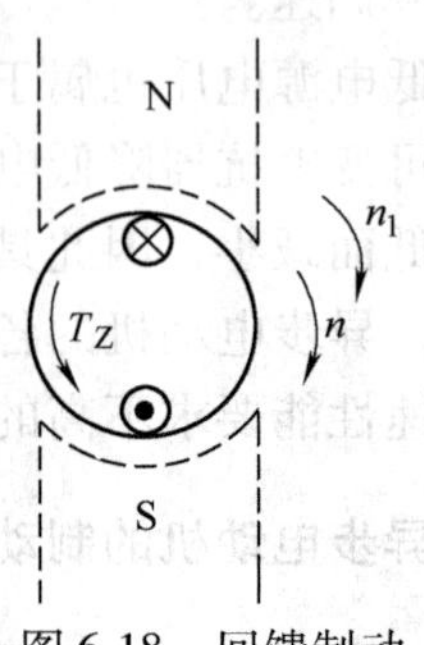

图 6-18　回馈制动

第四节　三相异步电动机的铭牌

在三相异步电动机的机座上都装有一块铭牌，上面注明了电动机的一些主要技术数据。铭牌数据是选择、安装、使用和检修三相异步电动机的重要依据，如图 6-19 所示。

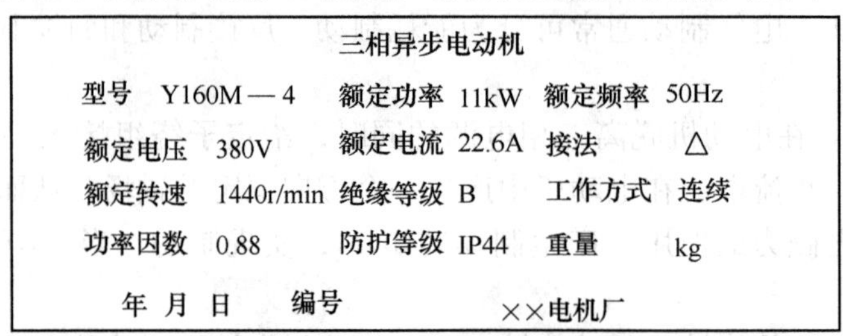
三相异步电动机

型号	Y160M—4	额定功率	11kW	额定频率	50Hz
额定电压	380V	额定电流	22.6A	接法	△
额定转速	1440r/min	绝缘等级	B	工作方式	连续
功率因数	0.88	防护等级	IP44	重量	kg

年　月　日　　编号　　××电机厂

图 6-19　三相异步电动机的铭牌

1. 型号

用来表示电动机的种类、结构特点和磁极数等，由汉语拼音字母、国际通用符号和阿拉伯数字组成。图 6-19 中的电动机型号含义如下：

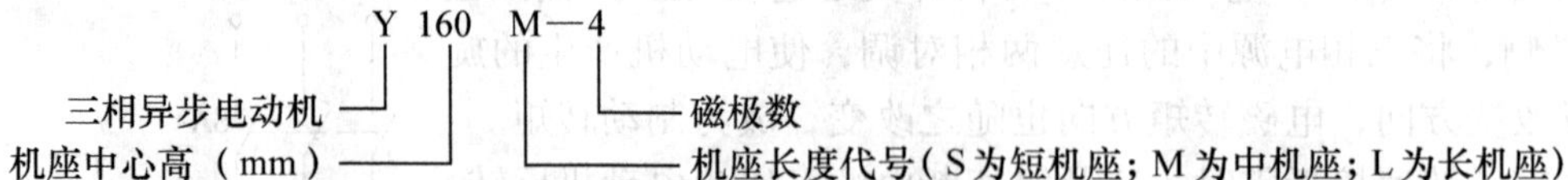

Y 系列电动机是我国采用国际电工委员会（IEC）标准统一设计的中小型三相异步电动机，具有效率高、节能效果好及噪声低等优点。

2. 额定功率

额定功率指在三相异步电动机满载运行时，其轴上所输出的额定机械功率，用 P_N 表示，以瓦（W）或千瓦（kW）为单位。电动机的输入功率为

$$P_1 = \sqrt{3} U_N I_N \cos\varphi_N \tag{6-12}$$

$$\eta_N = \frac{P_N}{P_1} \tag{6-13}$$

式中，$\cos\varphi_N$ 为额定功率因数；η_N 为额定效率。

3. 额定电压

额定电压指在三相异步电动机额定运行时定子绕组上应加的线电压，用 U_N 表示。要求三相异步电动机所接电源电压值的变动一般不应超过额定电压的 $-5\% \sim +10\%$。电压过高，电动机容易烧毁；电压过低，电动机难以起动，即使能起动，电动机也会出现带负载困难的现象，且容易被烧坏。

4. 额定电流

额定电流指三相异步电动机在额定电压下输出额定功率时，定子绕组中通过的线电流，用 I_N 表示，以安(A)或千安(kA)为单位。

5. 额定频率

额定频率指加在电动机定子绕组上的允许电源频率，用 f_N 表示。国产异步电动机的频率为50Hz，即我国的工频频率。

6. 额定转速

额定转速指电动机在额定运行情况下的转子转速，用 n_N 表示。

7. 绝缘等级

绝缘等级是由电动机所用的绝缘材料决定的。按耐热程度的不同，将电动机的绝缘等级分为 A、E、B、F、H、C 等几个等级，它们最高的允许温度见表 6-2 所示。

表 6-2 电动机的绝缘等级

绝缘等级	A	E	B	F	H	C
最高允许温度/℃	105	120	130	155	180	>180

电动机的使用寿命主要是由它的绝缘材料决定的，当电动机的工作温度不超过其绝缘材料的最高允许温度时，电动机的使用寿命可达 20 年左右，若超过最高允许温度，则电动机的使用寿命将大大缩短。因此应避免“小马拉大车”现象的出现。

8. 温升

温升是指在规定的环境温度下，电动机各部分允许超出的最高温度。电动机的温升取决于电动机绝缘材料的等级。额定温升是指电动机允许的最高工作温度与标准环境温度(40℃)之差。如果电动机铭牌上的温升为 70℃，则电动机的允许最高工作温度可以是 110℃。

电动机一旦有了温升，就要向周围散热，温升越高，散热越快，当电动机在单位时间内向周围散发的热量等于其损耗所产生的热量时，电动机的温度就不再上升，此时，电动机处于发热与散热的动平衡状态。

在正常的额定负载范围内，电动机的温度是不会超出允许温升的。如果长时间过载，特别是故障运行，则会使电动机的温升超过允许值，影响电动机的使用寿命。

9. 接法

三相异步电动机定子绕组的连接方法有星形(Y)联结和三角形(△)联结两种。我国生产的功率在 4kW 以下的三相异步电动机定子绕组一般都是星形联结；4kW 以上的一律采用三角形联结，以便采用Y-△减压起动。

10. 工作方式

电动机工作时，其温升的高低不仅与负载的大小有关，而且还与带负载运行的持续时间有关。同一台电动机如果工作时间的长短不同，则它所能承担的负载功率大小也不同。

为了适应不同负载的需要，按带负载运行持续时间的不同，国家标准中把电动机分成了三种工作方式(或三种工作制)：连续工作制、短时工作制和周期断续工作制，分别用S1、S2和S3来表示。

(1) 连续工作制S1　允许电动机在额定情况下连续长期运行，其工作时间可达几小时或几十小时，其温升可以达到稳定值。异步电动机多属于这一种，如水泵、通风机及造纸机等机械。

(2) 短时工作制S2　指电动机工作时间短而停车时间长的工作方式。在工作时间内，温升达不到稳定值；停车时电动机的温度足以降至周围环境的温度。

我国短时工作制电动机的标准工作时间有15min、30min、60min和90min四种。

水闸闸门、吊车和车床的夹紧装置等都属于短时工作制。

(3) 周期断续工作制S3　也叫重复短时工作制，是指电动机运行与停车交替的工作方式。按国家标准规定，每个工作周期为10min。

在一个周期内，工作时温升达不到稳定值，停歇时温升也降不到零。工作时间与工作周期之比称为负载持续率，也称暂载率。我国规定的标准负载持续率有15%、25%、40%和60%等四种。

起重机、电梯和某些自动机床的工作机构等都属于周期断续工作制。

11. 防护等级

电动机和低压电器的外壳防护等级是用字母IP和其后的两位数字表示的。IP为国际防护的缩写字母，第一个标记数字表示防止固体异物侵入以及防止人体触及内部带电或运动部分的防护等级，见表6-3，该防护等级分为7级；第二个标记数字表示防止水进入电动机或电器内部的防护等级，见表6-4，该防护等级分为9级。数字越大表示其防护等级越高。当仅需考虑一种防护时，另一位数字用“×”表示。

表6-3　防异物和防接触等级

防护等级	防护范围	说　明
0	无防护	对外界的人或物无特殊的防护
1	防止直径大于50mm的固体异物侵入	防止人体(如手掌)因意外而接触到壳内带电或运动部分，防止较大尺寸(直径大于50mm)的固体异物侵入
2	防止直径大于12mm的固体异物侵入	防止人的手指接触到壳内带电或运动部分，防止中等尺寸(直径大于12.5mm)的异物侵入
3	防止直径大于2.5mm的固体异物侵入	防止直径或厚度大于2.5mm的工具、电线及类似的小型异物侵入而接触到壳内带电或运动部分
4	防止直径大于1.0mm的固体异物侵入	防止直径或厚度大于1.0mm的工具、电线及类似的小型异物侵入而接触到壳内带电或运动部分
5	防止异物及灰尘	完全防止异物侵入，虽不能完全防止灰尘侵入，但灰尘的侵入量不会影响电器的正常运行
6	防止灰尘	完全防止灰尘侵入

表 6-4　防湿气、防水侵入的等级

防护等级	防护范围	说　明
0	无防护	对水或湿气无特殊的防护
1	防止水滴侵入	垂直落下的水滴(如凝结水)不会对电器造成损坏
2	防止 15°倾斜时水滴侵入	当电器由垂直倾斜至 15°时，滴水不会对电器造成损坏
3	防止喷洒的水侵入	防止与垂线成 60°角范围内所喷洒的水侵入电器而造成损坏
4	防止飞溅的水侵入	防止各个方向飞溅而来的水侵入电器而造成损坏
5	防止喷射的水侵入	防止来自各个方向，由喷嘴射出的水侵入电器而造成损坏
6	防止海浪侵入	防止强烈的海浪侵袭而造成损坏
7	防止浸水时水的侵入	在规定的水压和时间下，可确保不因浸水而造成损坏
8	防止潜水时水的侵入	长时间浸在规定的水压下，可确保不因浸水而造成损坏

[例 6-4]　一台三相异步电动机的技术数据如下：$P_N=7.5\text{kW}$，$U_N=380\text{V}$，星形联结，$n_N=1440\text{r/min}$，$\eta_N=87.5\%$，$\cos\varphi_N=0.85$，$I_{st}/I_N=7.0$，$K_{st}=2.2$，$\lambda=2.2$。试求：(1) 额定电流 I_N；(2)额定转差率 s_N；(3)起动电流 I_{st}；(4)额定转矩 T_N；(5)最大转矩 T_m；(6)起动转矩 T_{st}。

解：(1)电动机的输入功率为

$$P_1=\frac{P_N}{\eta_N}=\frac{7.5}{0.875}\text{kW}=8.6\text{kW}$$

额定电流为

$$I_N=\frac{P_1}{\sqrt{3}U_N\cos\varphi_N}=\frac{8.6\times10^3}{\sqrt{3}\times380\times0.85}\text{A}=15.4\text{A}$$

(2)根据 $n_N=1440\text{r/min}$，得 $n_1=1500\text{r/min}$，磁极对数 $p=2$，则额定转差率为

$$s_N=\frac{n_1-n}{n_1}=\frac{1500-1440}{1500}=0.04$$

(3)起动电流为

$$I_{st}=7.0I_N=7.0\times15.4\text{A}=107.8\text{A}$$

(4)额定转矩为

$$T_N=9550\frac{P_N}{n_N}=9550\times\frac{7.5}{1440}\text{N}\cdot\text{m}=49.7\text{N}\cdot\text{m}$$

(5)起动转矩为

$$T_{st}=2.2T_N=2.2\times49.7\text{N}\cdot\text{m}=109.3\text{N}\cdot\text{m}$$

(6)最大转矩为

$$T_m=\lambda T_N=2.2\times49.7\text{N}\cdot\text{m}=109.3\text{N}\cdot\text{m}$$

第五节　单相异步电动机

单相异步电动机的定子绕组是单相的，转子一般是笼型的。它具有结构简单、成本低廉及维修方便等特点。与同容量的三相异步电动机相比，单相异步电动机的体积较大、运行性能较差且效率较低。

单相异步电动机使用单相交流电源，功率一般为 8 ~ 750W，在家用电器(如洗衣机、电

冰箱及电风扇)、电动工具(如手电钻)、医用器械及自动化仪表等方面得到了广泛的应用。

一、单相异步电动机的工作原理

向单相异步电动机的定子绕组中通入单相交流电流，电动机内就会产生一个大小及方向随时间沿定子绕组轴线方向变化的磁场，称为脉动磁场。

脉动磁场可以分解为两个大小相同、转速相等但方向相反的旋转磁场 B_1 和 B_2。顺时针方向(正向)转动的旋转磁场 B_1 对转子产生正向电磁转矩；逆时针方向(反向)转动的旋转磁场 B_2 对转子产生反向电磁转矩。

转子静止时，由于正向旋转磁场和反向旋转磁场产生的两个电磁转矩大小相等、方向相反，它们的合成电磁转矩为零，所以单相异步电动机不能自行起动。

如用外力让单相异步电动机转动起来，由于正向旋转磁场 B_1 和反向旋转磁场 B_2 产生的合成电磁转矩不再为零，在这个合成转矩的作用下，即使没有其他的外在因素，单相异步电动机仍将沿着原来的运动方向继续运转。

由于单相异步电动机总有一个反向的制动转矩存在，所以其效率和负载能力都不及三相异步电动机。

二、单相异步电动机的起动

为了使单相异步电动机获得起动转矩，常采用电容分相式和罩极式两种起动方式。

1. 电容分相式起动

如图 6-20 所示，电容分相式异步电动机的定子有两个绕组：一个是工作绕组(主绕组) U_1U_2，另一个是辅助绕组(起动绕组) V_1V_2。两个绕组在空间上互差 90°电角度，S 是离心开关。辅助绕组与电容 C 串联，从而使辅助绕组电流 i_2 超前工作绕组电流 $i_1$90°。

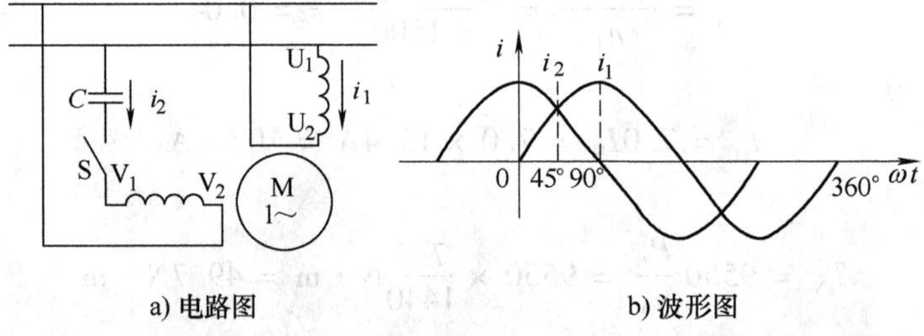

a) 电路图　　b) 波形图

图 6-20　电容分相式异步电动机原理

向空间上互差 90°的两个绕组内分别通入在相位上互差 90°的交流电流，如图 6-21 所示，定子腔内便产生了旋转磁场，在旋转磁场的作用下，电动机获得起动转矩，因而在通电后就

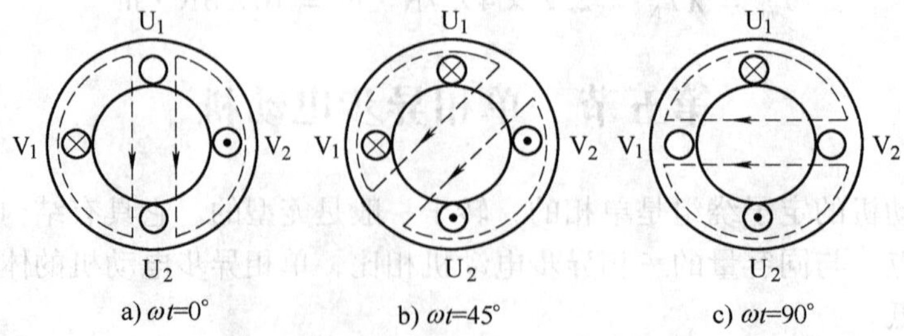

a) ωt=0°　　b) ωt=45°　　c) ωt=90°

图 6-21　单相异步电动机的旋转磁场

能自行起动了。

当电动机转速达到一定程度时，离心开关自行分断，将辅助绕组从电路中断开，这就是电容起动式单相异步电动机。

如果不接离心开关，且辅助绕组按长期工作而设计，则在电动机运转过程中始终是两相绕组工作，这种电动机称为电容运转式单相异步电动机。

2. 罩极式起动

如图 6-22 所示，罩极式单相异步电动机的定子铁心做成凸极式，转子仍为笼型。在定子磁极的极面上约 1/3 处套装了一个铜环(短路环)，套有铜环的磁极部分称为罩极。

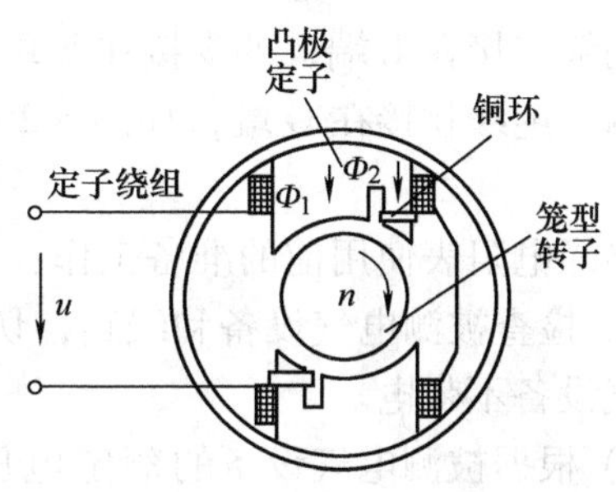

图 6-22 罩极式单相异步电动机

当定子绕组中通入电流产生脉动磁场后，有一部分磁通穿过铜环，铜环内产生感应电动势和感应电流，阻止铜环部分磁通的变化，使得没套铜环的那部分磁极中的磁通 Φ_1 比套有铜环的这部分磁极内的磁通 Φ_2 超前一个相位角。Φ_1 和 Φ_2 形成一个向罩极部分移动的磁场，在这个磁场的作用下，转子获得起动转矩，单相异步电动机便可自行起动了。

三相异步电动机若在起动之前有一相定子电路断开(断相起动)，情况就与单相异步电动机类似，通电后产生脉动磁场，电动机不能自行起动或起动困难。若在运行时断开了一相定子电路(断相运行)，电动机仍能带原有负载工作，但另外两相中的电流会超过额定值，从而容易引起电动机过热而损坏。因此，在实际工作中必须时刻监测定子电流的大小，防止断相运行现象的发生。

【知识链接】

绝缘电阻表的使用

绝缘电阻表是一种便携式测量高电阻的仪表，主要用来检测供电线路、电机绕组、电缆及电气设备等的绝缘电阻。绝缘电阻是否合格是判断电气设备能否正常运行的必要条件之一。常见的绝缘电阻表主要由作为电源的手摇直流发电机和磁电式比率表两部分组成，绝缘电阻表的外形如图 6-23 所示。绝缘电阻表有三个接线端，分别是线路端(L)、接地端(E)和屏蔽端(G)。

手摇直流发电机用来提供一个便于携带的高电压测量电源，产生的电压通常有 500V、1000V、2500V 及 5000V 等。手摇直流发电机的电压值称为绝缘电阻表的电压等级。

绝缘电阻表的指针偏转角与手摇直流发电机的电压及磁电式比率表线圈的电流无关，只与被测电阻有关，绝缘电阻表的指针偏转直接反映被测电阻的大小，不使用时指针处于自由零位。绝缘电阻表的面板如图 6-24 所示。

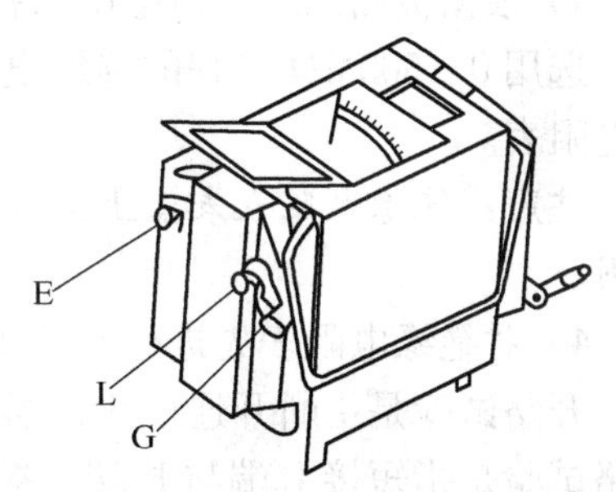

图 6-23 绝缘电阻表的外形

测量供电线路的绝缘电阻时，将被测电阻接在绝缘电阻表的 L 端与 E 端之间，如图 6-25a 所示；测量电机某一相绕组的绝缘电阻时，被测绕组接在 L 端，电机机座接在 E 端，如图 6-25b 所示；测量电缆的绝缘电阻时，电缆的缆芯接在 L 端，外皮接在 E 端，电缆内层绝缘物接在 G 端，如图 6-25c 所示。

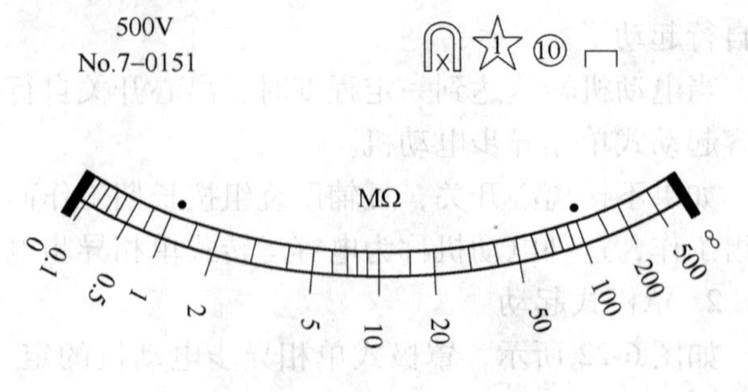

图 6-24　绝缘电阻表的面板

绝缘电阻表使用前的准备工作：

1）检查被测电气设备和线路，切断全部电源，并对电气设备和线路进行放电，确保被测电气设备不带电。

2）根据被测电气设备的额定电压选择合适电压等级的绝缘电阻表。测量额定电压在 500V 以下的电气设备时，宜选用 500 ~ 1000V 的绝缘电阻表；测量额定电压在 500V 以上的电气设备时，应选用 1000 ~ 2500V 的绝缘电阻表。

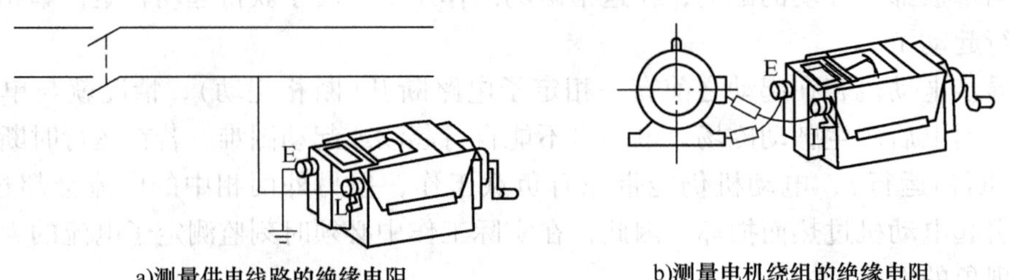

a)测量供电线路的绝缘电阻　　b)测量电机绕组的绝缘电阻

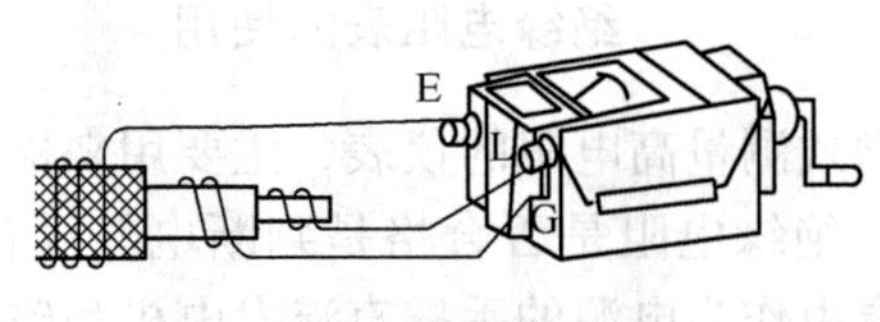

c)测量电缆的绝缘电阻

图 6-25　绝缘电阻表的使用

3）根据被测绝缘电阻范围选择合适量程的绝缘电阻表。测量低压电气设备的绝缘电阻时，选用 0 ~ 500MΩ 量程的绝缘电阻表；测量高压电气设备时，选用 0 ~ 2500MΩ 量程的绝缘电阻表。

注意：绝缘电阻表表盘上刻度线旁两黑点之间对应的刻度值是绝缘电阻表的可靠测量值范围。

4）对绝缘电阻表先进行开路和短路试验（俗称校表），检查仪表是否良好。

开路试验是指断开连接线，摇动手摇直流发电机手柄，观察指针是否能指示电阻为∞；短路试验是指短接 L 端与 E 端，摇动手摇直流发电机手柄，观察指针是否能指示电阻为 0。指针若能指示∞和 0，说明仪表没有问题，否则需要检修仪表。

注意：指针一旦指到0，应立即停止摇动手摇直流发电机手柄。

绝缘电阻表的使用注意事项：

1）绝缘电阻表必须水平放置于平稳、牢固的地方。严禁在有雷电时测量，严禁在高压导体设备附近测量。

2）接线端与被测物的连接线必须使用单根线，不得绞合，要求连接线绝缘良好，表面不得与被测物体接触。

3）测量时，手摇直流发电机手柄的摇动应由慢到快，当转速达到120r/min左右时，匀速摇动手柄1min，当指针稳定时，读取指示值，即为测量结果。读数时，应边摇边读。

4）测量完毕后的拆线原则是：先拆线后停表，即读完数后，继续摇动手摇发电机的手柄，将L端的连接线拆下后，再停止摇动。如果电气设备容量较小，也可停止摇动手摇发电机的手柄后再拆线。

5）拆线完毕后，对被测电气设备充分放电。

【实训练习】

三相异步电动机三相绕组首尾端的测试

一、实训目的

1）了解三相异步电动机的构造。

2）掌握用万用表判断三相异步电动机三相绕组首尾端的方法。

二、实训器材

万用表、三相异步电动机及导线等。

三、实训电路

三相绕组首尾端的测试电路如图6-26所示。

四、实训内容

1）用万用表的欧姆挡测量出三相异步电动机接线盒上三相绕组的六个接线头哪两个是一相绕组，可通过打结进行标注。

2）将万用表拨到直流电流最小挡。将任意一相绕组(图中表示为绕组①)与一节电池(1.5V)相连，另外两相绕组(图中表示为绕组②、绕组③)随意串联后与万用表两表笔相连。

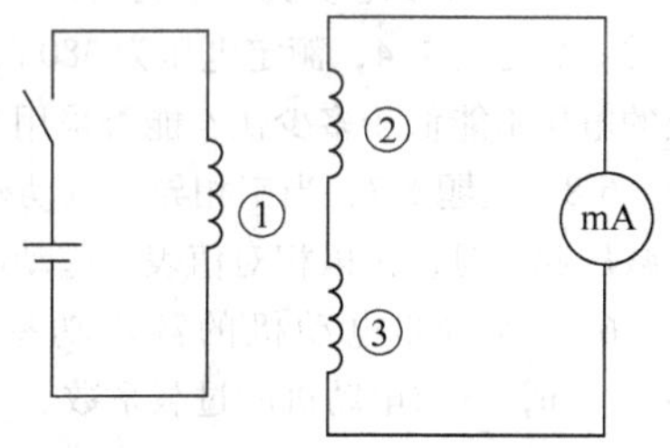

图6-26　三相绕组首尾端的测试电路

3）在开关接通的瞬间，观察万用表指针的偏转角度。

4）改变绕组②、绕组③的串联方式，重复2)、3)步骤。

5）对比两次测试结果。在开关接通的瞬间，万用表指针偏转角度大的那次测试为绕组②和绕组③首-尾-首-尾连接；指针偏角很小的那次为绕组②和绕组③首-尾-尾-首连接。可以在判断出首尾端的两相绕组的首端(可任意设定)通过打结进行标注。

6）将判断出首端的一相绕组(如绕组②)与电池相连，另外两相绕组串联后与万用表相连。重复上述步骤，判断出绕组①的首端，并通过打结进行标注。

测试结束后，有打结标注的三个线端即可认为是三相绕组的首端，没有标注的是三相绕组的尾端。

五、拓展题

找出另外几种判断三相异步电动机三相绕组首尾端的方法。

习　题　六

6-1　有一台四极三相异步电动机，电源频率为60Hz，带负载运行时的转差率为0.03，求同步转速和实际转速。

6-2　已知一台异步电动机的额定转速为1470r/min，额定功率为36kW，$T_{st}/T_N=2.0$，$T_m/T_N=2.2$，试画出这台电动机的机械特性曲线。

6-3　一台电动机的铭牌数据如下：型号为Y 112—4，功率为4.0kW，电压为380V，电流为8.8A，连接方式为△联结，转速为1440r/min。已知其满载时的功率因数为0.8，求：

（1）电动机的磁极数；

（2）电动机满载运行时的输入功率；

（3）额定转差率；

（4）额定效率；

（5）额定转矩。

6-4　一台三相异步电动机的额定功率为4kW，额定电压为220/380V，连接方式为△-Y联结，额定转速为1460r/min，额定功率因数为0.86，额定效率为0.86，求：

（1）额定运行时的输入功率；

（2）定子绕组连接成星形和三角形时的额定电流；

（3）额定转矩。

6-5　一台额定电压为380V的异步电动机在某一负载下运行，测得输入功率为4kW，线电流为10A，此时的功率因数是多少？若此时输出功率为3.2kW，则电动机的效率为多少？

6-6　一台六极三相异步电动机，电源频率为50Hz，额定运行的转差率为0.04，求额定转速。

6-7　某异步电动机定子绕组为三角形联结，额定功率为19kW，额定转速为2930r/min，起动转矩与额定转矩之比为1.4，额定电压为380V，若起动时转轴上的阻转矩为额定转矩的1/2，问起动时在定子绕组上的电压不能低于多少伏？能否采用Y-△减压起动？

6-8　接题6-7，当三相异步电动机的起动方式分别为直接起动、Y-△减压起动和自耦变压器在40%抽头减压起动时，试以相对值表示起动电流和起动转矩。

6-9　某异步电动机的额定功率为15kW，额定转速为970r/min，额定频率为50Hz，最大转距为295N · m，试求电动机的过载系数。

第七章 继电器-接触器控制

知识目标：

- 掌握常用低压电器的动作原理及控制作用。
- 掌握三相异步电动机典型控制电路的工作原理。

技能目标：

- 能设计简单三相异步电动机控制电路。
- 能根据电气安装接线图进行电动机控制电路的连线。
- 能排查简单电动机控制电路的一般故障。

在工农业生产中，大多数生产机械都是采用电动机进行拖动的，这种拖动方式称为电力拖动。由继电器、接触器及按钮等有触头电器组成的电气控制系统，称为继电器－接触器控制系统。相对于无触头的电子控制电路，继电器－接触器控制系统电路简单、价格低廉且维护方便，因此在生产实践中得到了广泛地应用。

第一节 常用低压电器

低压电器是指工作在直流1200V、交流1000V以下电路中的各种电器。

低压电器按动作方式的不同分为手动电器和自动电器。手动电器是指通过人力操纵而动作的电器，如刀开关、组合开关等；自动电器是指按照指令、信号或某个物理量的变化而自动动作的电器，如继电器、接触器等。

低压电器按工作职能的不同分为控制电器和保护电器。控制电器用来控制电路的接通和分断，如刀开关、按钮等；保护电器对电路起保护作用，如熔断器起短路保护作用，热继电器起过载保护作用等。

下面简要介绍常用低压电器的结构、动作原理、图形符号和用途等。

一、刀开关

刀开关常用做电源的引入开关，在不频繁操作的低压电路中，用来接通和切断电源，有时也用来控制小容量电动机的直接起动与停止。

刀开关由触刀（动触头）、静插座（静触头）、手柄和绝缘底板等组成，刀开关的结构及电路符号如图7-1所示。

刀开关的种类很多。按极数（刀片数）分为单极、双极和三极；按结构分为平板式和条架式；按操作方式分为直接手柄操作式、杠杆操作机构式和电动操作机构式；按转换方向分为单投和双投等。

刀开关的主要类型有带灭弧装置的大容量刀开关、带熔断器的开启式开关熔断器组、带灭弧装置和熔断器的封闭式开关熔断器组等，如图7-2所示。

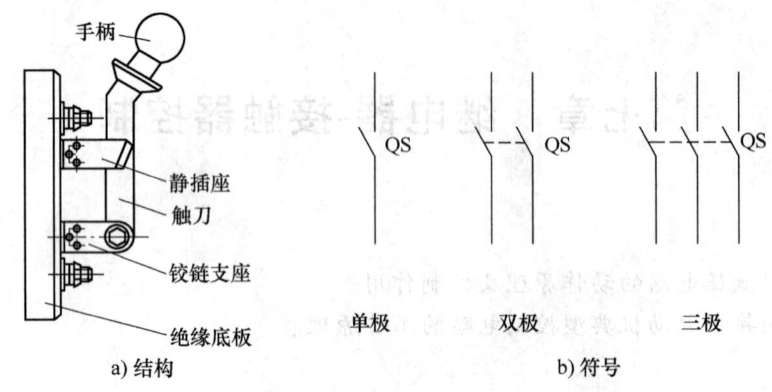

图 7-1　刀开关的结构及电路符号

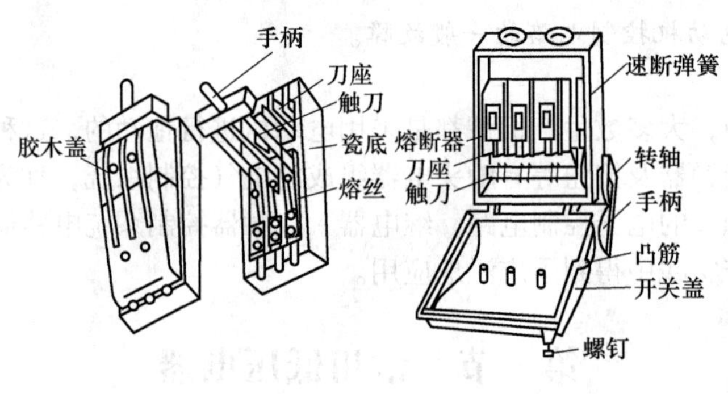

图 7-2　开关熔断器组

开启式开关熔断器组结构简单、价格低廉，常用做照明电路的电源开关，也可用来控制 5.5 kW 以下异步电动机的起动与停止。其型号含义为

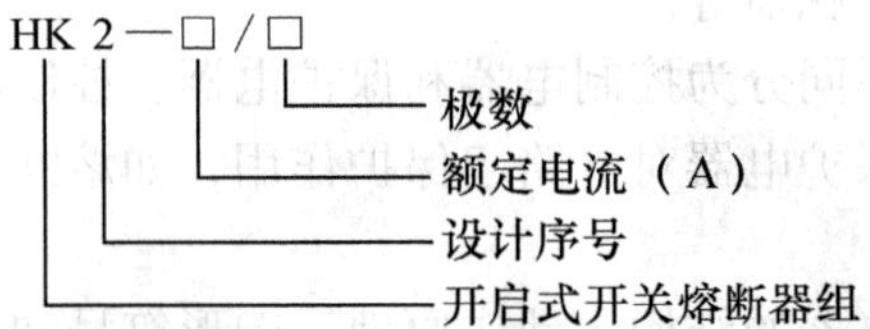

对于照明和电热负载，可选用额定电压为 250 V、额定电流大于所有负载额定电流的刀开关。对于电动机的控制，考虑到较大的起动电流，可选用额定电流大于电动机 3 倍额定电流的刀开关。

安装刀开关时需注意电源进线端不得接反，刀开关在合闸状态下手柄应该向上，不能倒装和平装，以防止触刀松动落下时误合闸。

二、组合开关

组合开关又称为转换开关，主要用于生产机械的电源引入、局部照明等。组合开关通常是不带负载操作的，但也能用来接通和分断小电流的电路。

HK10—25/3 型组合开关的外形图、结构图、电路连接示意图及符号如图 7-3 所示。三极型组合开关由三层动触片和六个静触片组装而成，动触片安装在操作手柄的转轴上。转动手柄，可使转轴作90°正向或反向转动，从而使动触片与静触片保持接通与断开，达到接通或分断电路的目的。顶部安装的弹簧储能机构，可使开关快速动作，接通和分断与手柄旋转速度无关。

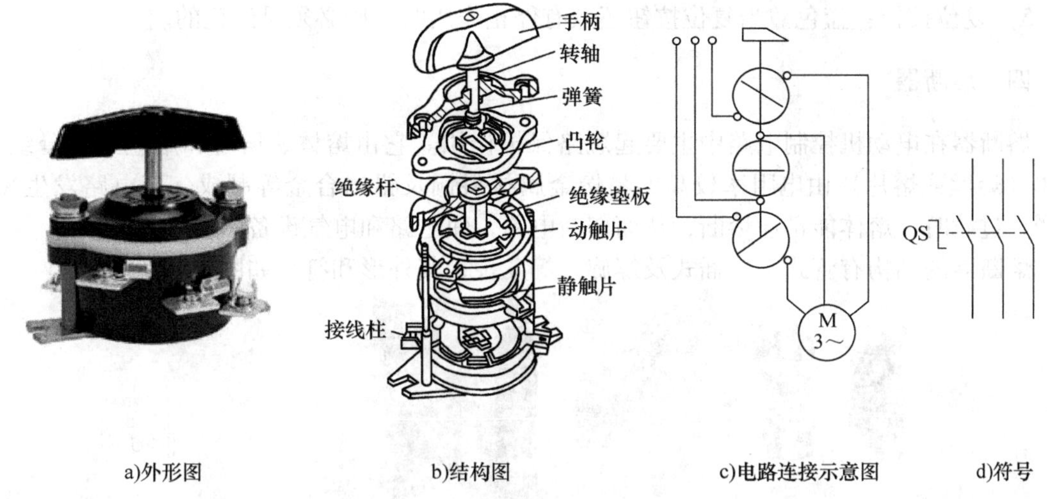

图7-3　HK10—25/3型组合开关

组合开关的主要参数有额定电压、额定电流、通断能力、机械寿命及电气寿命等。

三、按钮

按钮是最常用的主令电器（指在自动控制系统发出指令或信号的操纵电器），常用于在控制电路中发出起动或停止等指令，以控制接触器、继电器等电器线圈回路的通电与断电，其典型结构如图7-4a所示。常态（不按压按钮帽的状态）下，静触头1、2与动触头5组成桥式常闭触头，静触头3、4与动触头5组成桥式常开触头。当按下按钮时，常闭触头分断、常开触头闭合；松开按钮时，在复位弹簧的作用下，动触头复位，常开、常闭触头恢复到常态位置。

按钮的额定电流一般为5A，电路符号如图7-4b所示。

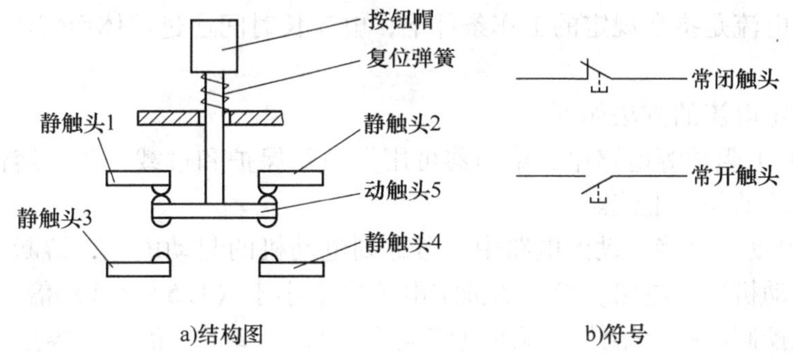

图7-4　按钮的结构与符号

按钮可根据实际工作的需要拼装触头数量，最多可增至六对常开触头和六对常闭触头。工作中为便于识别不同作用的按钮，避免误操作，通常将按钮帽颜色做成红、绿、黑、黄、蓝、白、灰色。具体颜色规定如下。

1）停止和急停按钮：红色。当按下红色按钮时，必须使设备停止工作或断电。

2）起动按钮：绿色。

3）点动按钮：黑色。

4）起动与停止交替按钮：必须是黑色、白色或灰色，不得使用红色和绿色。

5）复位按钮：蓝色。当复位按钮还兼有停止作用时，则必须是红色的。

四、熔断器

熔断器在电动机控制电路中主要起短路保护作用。它由熔体、熔管和熔座三部分组成。熔体（熔丝或熔片）由电阻率较高的易熔金属材料铜及铅锡合金等制成，当电路发生短路和严重过载时，熔体能迅速熔断，从而切断电路，使电路和电气设备不致损坏。

熔断器的结构有管式、磁插式及螺旋式等几种，其外形和符号如图 7-5 所示。

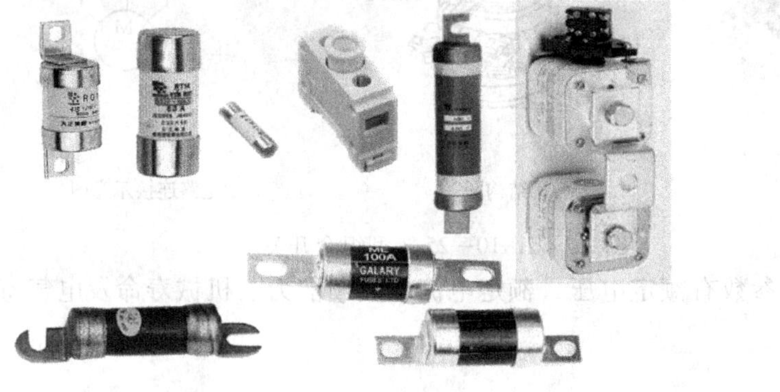

a)外形　　b)符号

图 7-5　熔断器的外形与符号

熔断器的额定电压是指从灭弧角度出发，保证熔断器能长期正常工作的电压。如果熔断器的实际工作电压超过额定电压，则一旦熔体熔断，可能发生电弧不能及时熄灭的现象。

熔断器的额定电流是指保证熔断器能长期正常工作的电流，该电流应大于所选熔体的额定电流，在额定电流范围内可选择装入不同规格的熔体。

极限分断能力是指熔断器在额定电压下所能分断的最大短路电流值。

熔体的额定电流是指在规定的工作条件下，电流长时间通过熔体而熔体不熔断的最大电流。

选择熔体额定电流的方法如下：

1）在照明和电阻炉等电路中，熔断器可用做短路保护和过载保护，熔体的额定电流应等于或稍大于负载的额定电流。

2）在异步电动机直接起动的电路中，考虑到电动机的起动电流，熔断器只用做短路保护。对于单台电动机控制电路，熔体的额定电流应不小于（1.5～2.5）倍电动机额定电流；对于多台电动机控制电路，熔体的额定电流应为（1.5～2.5）倍最大容量电动机额定电流加上其余电动机额定电流之和。

五、交流接触器

交流接触器是一种自动开关，主要由电磁铁和触头两部分组成，是电力拖动系统中最主要的控制电器之一，如图 7-6 所示。

a) CJ10—10 型和 CJX1—16 型交流接触器外形

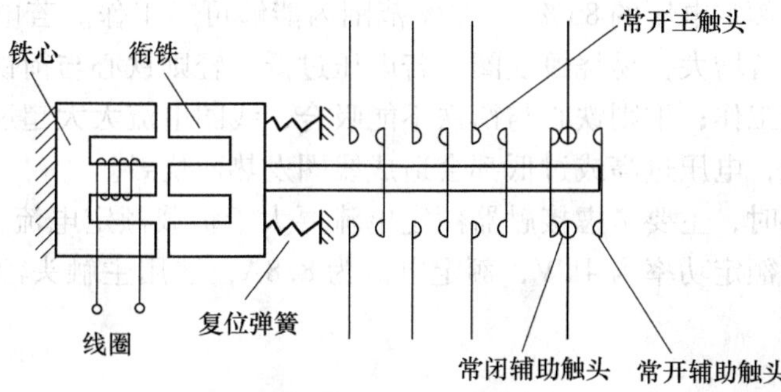

b) 交流接触器结构示意图

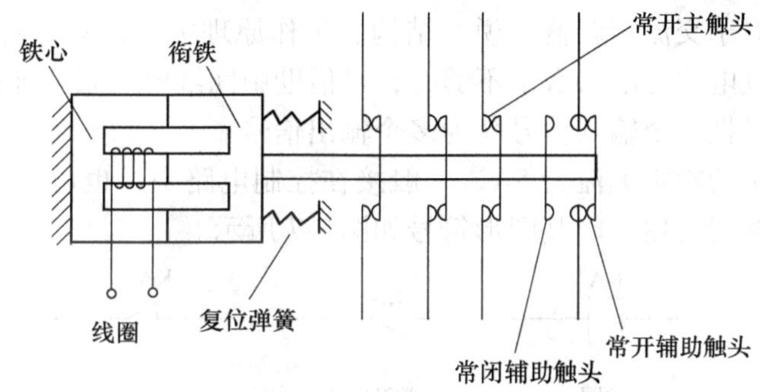

c) 交流接触器线圈得电后动作原理图

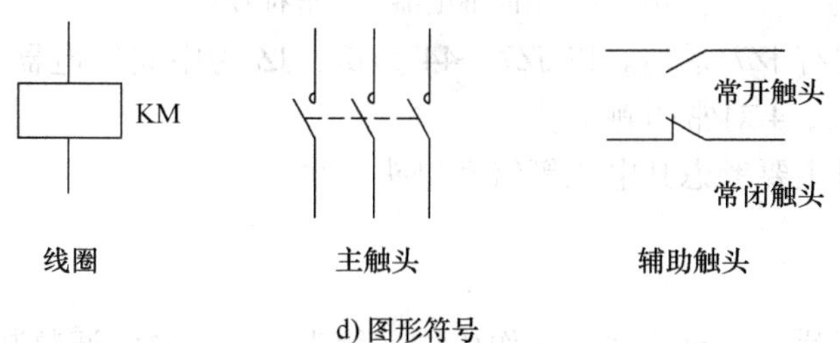

d) 图形符号

图 7-6　交流接触器

交流接触器线圈得电后，电磁铁的铁心和衔铁吸合，带动动触头动作，使所有的常闭触头分断、常开触头闭合；当线圈断电后，电磁力消失，衔铁和所有动触头都在复位弹簧的作用下复位，所有的常开触头、常闭触头恢复至常态（指吸引线圈未得电时接触器所处的状态）位置。电磁铁铁心上装有短路铜环，以减少铁心与衔铁吸合后的振动和噪声。

对于 CJ10—10 型和 CJX1—16 型交流接触器，常态时都有三对常开主触头、两对常闭辅助触头和两对常开辅助触头。主触头的额定电流较大，在电动机控制电路中，串在电动机主电路中，承受电动机电流，用来接通和分断流有大电流的主电路；辅助触头的额定电流较小，一般为5A，用来接通和分断流有小电流的控制电路。

交流接触器分断大电流电路时，往往会在动、静触头之间产生很强的电弧。电弧不仅容易烧坏触头，而且会延长电路的分断时间，严重时甚至会引起弧光短路，造成事故。交流接触器的触头通常都做成桥式结构，两个断点可以降低触头断开时加在断点上的电压，使电弧容易熄灭，同时各相间装有绝缘隔板，可防止相间短路。20A 以上的交流接触器一般都装有灭弧罩。

交流接触器在其额定电压的85% ~105%范围内能够可靠工作。若电压过高，则磁路趋于饱和，线圈电流显著增大，易烧毁线圈。若电压过低，轻则铁心与衔铁吸合不好，触头的跳动使电路不能正常工作；重则铁心与衔铁不能吸合，线圈电流大大超过其额定电流，使线圈过热而烧毁。因此，电压过高或过低都会造成线圈发热而烧毁。

选择交流接触器时，主要考虑接触器额定电流要大于负载额定电流。如一台 Y112M—4 型三相异步电动机，额定功率为4kW，额定电流为8.8A，选用主触头额定电流为10A 的交流接触器即可。

六、中间继电器

中间继电器相对于交流接触器来说，结构、工作原理类似，只是容量小些，触头多些。在电路中，当其他继电器的触头数量不够时，可借助中间继电器来增加控制电路的数量，中间继电器的作用就是把一个输入信号变为多个输出信号。

中间继电器触头的额定电流为5A，一般接在控制电路中，也可用来直接控制小容量的电动机或其他电气执行元器件。其图形符号如图 7-7 所示。

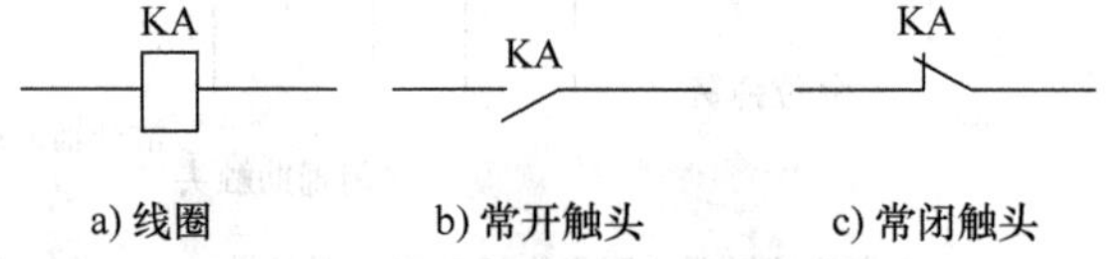

a) 线圈　　b) 常开触头　　c) 常闭触头

图 7-7　中间继电器的图形符号

常用的中间继电器有 JZ7 系列。以 JZ7—44 为例，JZ 为中间继电器的代号，7 为序号，44 表示有 4 对常开触头，4 对常闭触头。

选择中间继电器时主要考虑其电压等级和触头数量。

七、热继电器

热继电器由双金属片、发热元件、动作机构、触头系统、整定调整装置和手动复位装置等组成，其外形和电路符号如图 7-8 所示。双金属片由两种膨胀系数不同的金属片压焊而成，发热元件是一段电阻不大的电阻丝或电阻片。发热元件绕在双金属片的外面，两者之间隔有绝缘。

热继电器的结构原理如图 7-9 所示。发热元件串接在电动机定子电路中，当电动机正常运行时，热继电器不动作；当电动机过载时，流过发热元件 6 的电流增大，经过一定的时间，双金属片 5 受热膨胀弯曲到一定程度，通过导板 7、8 带动传动机构动作，最终推动热继电器的动触头 10 动作，从而使常闭触头分断、常开触头闭合。热继电器动作后，不要马上按下手动复位按钮 3，需等双金属片逐渐冷却恢复至原状后，再按手动复位按钮。

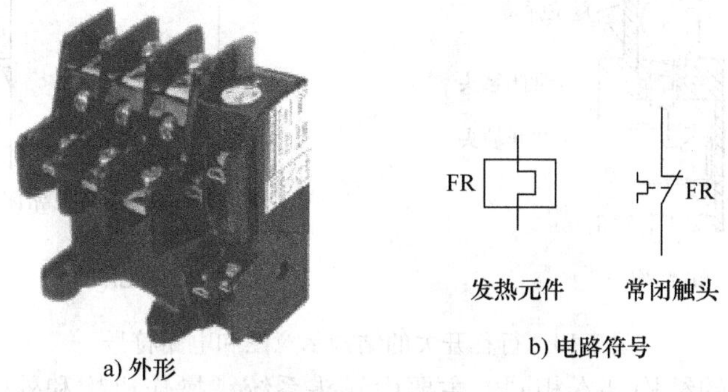

a) 外形　b) 电路符号

图 7-8　热继电器的外形和电路符号

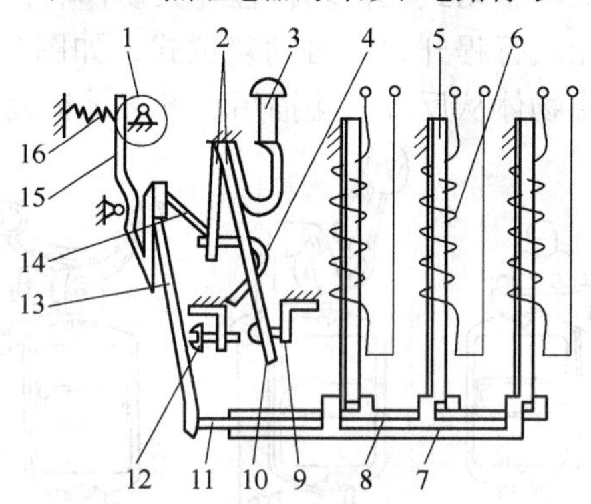

图 7-9　热继电器的结构原理

1—电流调节凸轮　2—簧片　3—手动复位按钮　4—弓簧　5—双金属片　6—发热元件　7—外导板　8—内导板　9—常闭静触头　10—动触头　11—杠杆　12—复位调节螺钉　13—补偿双金属片　14—推杆　15—连杆　16—压簧

热继电器按极数分为单极、两极和三极，其中三极的又分为带断相保护装置的和不带断相保护装置的；按复位方式分为自动复位式和手动复位式两种。热继电器的主要参数有如下几种。

（1）热继电器的额定电流　指热继电器中可以安装的发热元件的最大整定电流。

（2）热继电器的整定电流　指发热元件在正常持续工作中不引起热继电器动作的最大电流。在电动机控制电路中，此电流根据电动机的额定电流来整定。

（3）发热元件的额定电流　指发热元件的最大整定电流。

选用热继电器时，要保证其额定电流大于电动机的额定电流，然后将热继电器的整定电流调整到与电动机的额定电流相等即可。

八、行程开关

行程开关主要用于限制机械运动部件的位置或行程，其作用原理与按钮类似，是利用生产机械某些运动部件的碰撞来发出控制指令，将机械信号转换为电信号，以实现对机械运动的控制。行程开关的结构示意图和电路符号如图 7-10 所示。限位开关的工作原理及图形符号与行程开关相同，但其文字符号为 SQ。

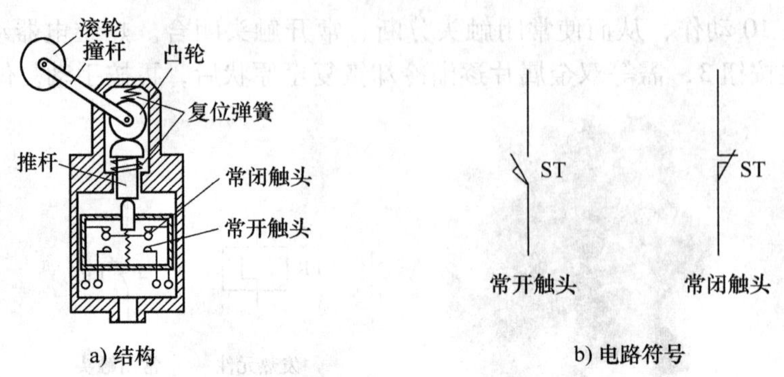

a) 结构　　b) 电路符号

图 7-10　行程开关的结构示意图和电路符号

各系列行程开关的结构基本相同，主要由触头系统、操作机构和外壳组成。行程开关按其结构可分为直动式、滚轮式和微动式三种。行程开关动作后，复位方式有自动复位和非自动复位两种。直动式和单滚轮式行程开关为自动复位式，如图 7-11 a、b 所示。双滚轮式行程开关没有复位弹簧，必须由物体从反方向碰撞后，开关才能复位，如图 7-11c 所示。

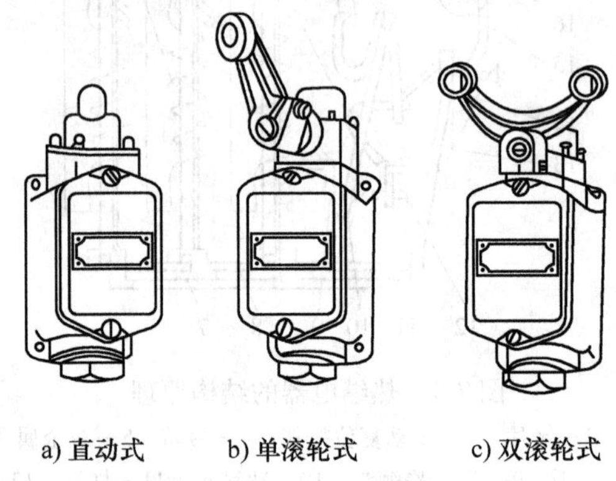

a) 直动式　　b) 单滚轮式　　c) 双滚轮式

图 7-11　行程开关的外形

九、时间继电器

时间继电器是一种时间控制电器，是指从得到输入信号（线圈得电或断电）起，经过一段时间延时后才动作的继电器。按其动作原理与结构的不同，可分为空气阻尼式、电动式、电子式等多种类型。下面重点介绍空气阻尼式时间继电器。

空气阻尼式时间继电器是利用空气的阻尼作用来达到动作延时的目的，由电磁铁、微动开关及气室三部分组成。按工作原理它又可分为通电延时型和断电延时型两种，如图 7-12 所示。下面以 JS7—2A 通电延时型时间继电器为例介绍其工作原理。

线圈 1 得电后，衔铁 4 被吸合，带动推板 5 迅速下移，使微动开关 16 瞬时动作；同时使推板 5 与顶杆 6 之间出现一个空隙。空气由进气孔 11 进入上方气室，在弹簧 7 的作用下，活塞 12 向下移动，同时在橡皮膜 9 上面形成空气稀薄的空间（上方气室）。活塞 12 在上、下气室压差阻力的作用下，不能迅速下降，只能缓慢下降，移动到一定位置时，杠杆 15 使微动开关 13 动作。改变进气孔 11 的大小，可调节延时时间的长短。

线圈 1 断电后，衔铁和活塞立即复位，弹簧 8 使橡皮膜上升，空气从单向排气孔迅速排出，不产生延时作用，微动开关 13、16 瞬时复位。

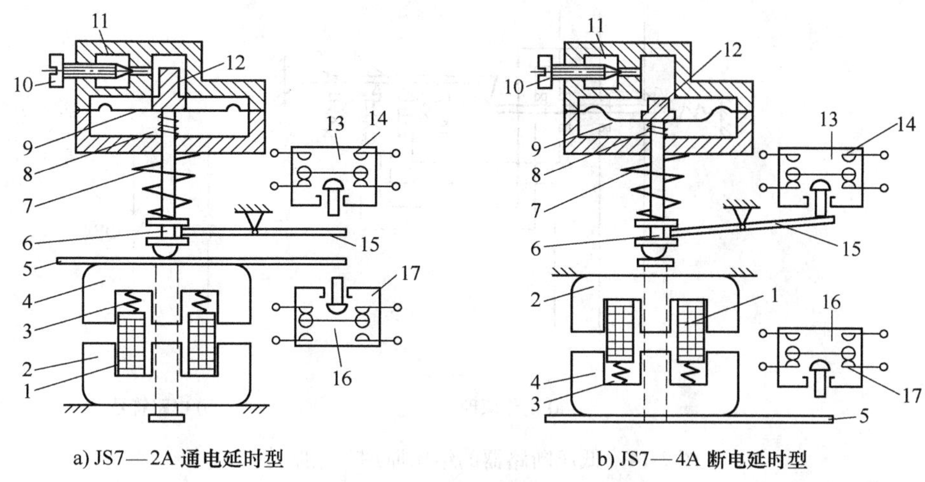

图 7-12　时间继电器结构原理图

1—线圈　2—铁心　3、7、8—弹簧　4—衔铁　5—推板　6—顶杆　9—橡皮膜　10—螺钉　11—进气孔　12—活塞　13、16—微动开关　14—延时动作触头　15—杠杆　17—瞬时动作触头

断电延时型时间继电器与通电延时型时间继电器的结构、工作原理均相同，不同之处只是将电磁铁翻转 180°安装，如图 7-12b 所示。

空气阻尼式时间继电器的延时时间有 0.4 ~ 180s 和 0.4 ~ 90s 两种。它具有结构简单、工作可靠、价格低廉及寿命长等优点，在机床控制系统中广泛应用。

电子式时间继电器具有延时时间长、调节方便及精度高等优点，有的还带有数字显示。时间继电器的图形符号如图 7-13 所示。

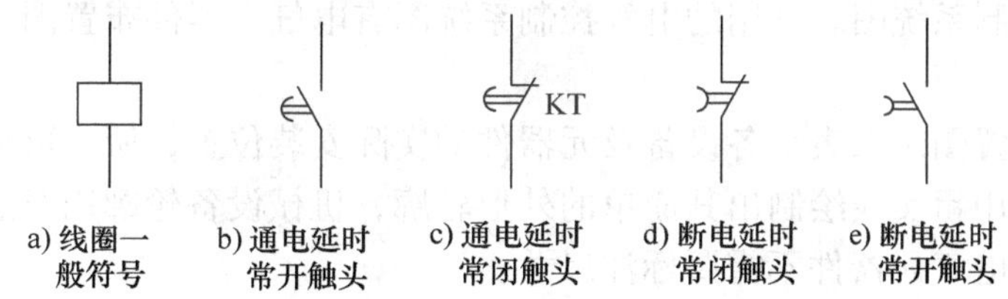

图 7-13　时间继电器的图形符号

十、低压断路器

低压断路器是一种既可手动作用又能自动进行欠电压、失电压、过载和短路保护的电器，相当于刀开关、熔断器、热继电器、过电流继电器和欠电压继电器的组合。

低压断路器主要由触头系统、操作机构和自由脱扣机构三部分组成。它的主要参数是额定电压、额定电流和允许切断的极限电流。选择低压断路器时，其允许切断极限电流应略大于电路的最大短路电流。低压断路器的结构及电路符号如图 7-14 所示。

图 7-14 中标注了过电流脱扣器和欠电压脱扣器，过电流脱扣器 4 的线圈与电路串联，欠电压脱扣器 5 的线圈与电路并联。低压断路器在正常工作状态下能接通和分断工作电流。当电路发生短路或过电流故障时，过电流脱扣器 4 的衔铁被吸合，使自由脱扣机构的搭钩 3 脱开，断路器触头分离，从而及时有效地切除故障电流。在电网电压过低或失电压的情况下，欠电压脱扣器 5 的衔铁被释放，自由脱扣机构动作，断路器触头分离，从而在欠电压与零电压时保证了电路及设备的安全。

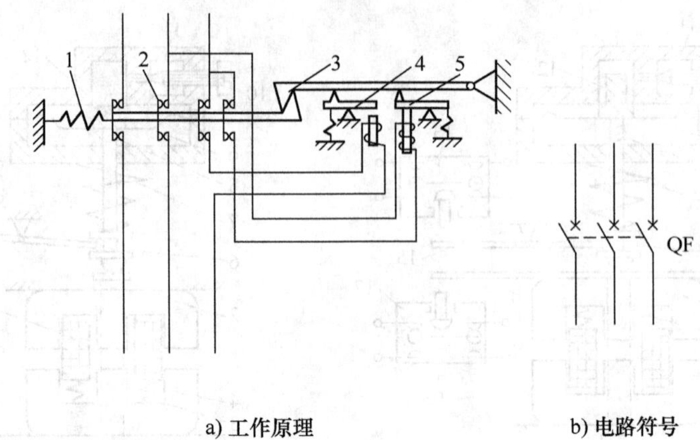

图 7-14 低压断路器的结构原理及电路符号

1—释放弹簧 2—主触头 3—搭钩 4—过电流脱扣器 5—欠电压脱扣器

低压断路器具有体积小、安装方便、操作安全、工作可靠及分断能力强等优点。脱扣器动作时将三相电源同时切断，可避免电动机断相运行。

第二节 电气原理图

为了表达电气控制系统的设计意图，便于分析系统的工作原理和便于安装、调试及检修系统，将电气控制系统中的各电气元器件用符合国家统一标准的图形符号和文字符号绘制出来的图称为电气控制系统图。常用的电气控制系统图有电气元器件布置图、电气安装接线图和电气原理图。

电气元器件布置图用来表示各设备及元器件的实际安装位置，所有可见的和需要表达清楚的设备及元器件用粗实线绘制出其简单的外形轮廓，机械设备轮廓用双点画线绘出。电气元器件布置图中的电气元器件不需要标注尺寸。

电气安装接线图表明了各设备及元器件之间的接线关系，主要用于设备安装、元器件配线、线路检查、线路维修及故障处理等，在生产现场应用广泛。

电气原理图是根据设备及元器件在电路中所起的不同作用，采用将设备及元器件展开的形式绘制而成的电路图。电气原理图注重表明的是各设备及元器件之间的电气联系及电路的工作原理，不考虑各元器件的实际位置。

下面重点介绍电气原理图。

一、电气原理图的绘制原则

1）按电路的功能来划分，电气原理图一般分为主电路和辅助电路两部分。

主电路是给电动机供电的电路，由电源开关、熔断器、交流接触器主触头、热继电器发热元件等组成，承受电动机的线电流，一般用粗实线画在整个电路图的左侧或上方；辅助电路包括控制电路、照明电路、信号电路及保护电路等，其中控制电路由按钮、接触器辅助触头、接触器线圈及热继电器常闭触头等组成，对主电路的各种动作实施控制，一般用细实线画在整个电路图的右侧或下方。

2）控制电路可水平布置或者垂直布置。

水平布置时，电源线垂直画，其他电路水平画，控制电路中的耗能元件（如接触器线圈）画在电路的最右端。垂直布置时，电源线水平画，其他电路垂直画，控制电路中的耗能元件画在电路的最下端。

3）在电气原理图中，同一电气元器件的各个部件可以不画在一起，但必须标注相同的文字符号。

文字符号是一种书写在电气设备、装置和元器件上或其近旁，以标明电气设备、装置和元器件的名称、功能和特征的符号。

文字符号分为基本文字符号（单字母或双字母）和辅助文字符号。

单字母符号是将各种电气设备、装置和元器件划分为23个大类，每一个大类用一个专用单字母符号表示，如C表示电容器类，T表示变压器类，K表示继电器类等。

双字母符号是由一个表示大类的单字母与另一个表示器件特性的字母组成。例如，KT表示继电器类器件中的时间继电器，KM表示继电器类器件中的接触器。

辅助文字符号是用来进一步表示电气设备、装置和元器件的功能、状态和特征的，如RD表示红色。

4）图中所有元器件和设备都按常态画出，即线圈不带电、开关不动作及不受外力作用时的状态。

5）电路图中用黑圆点表示有直接联系的交叉导线连接点。

二、电气原理图的分析方法

1. 分析主电路

分析主电路一般应先从电动机着手，即从主电路看有哪些控制元器件的主触头和附加元器件，根据其组合规律大致可知该电动机的工作情况，如是否有特殊的起动、制动要求，要不要正反转，是否要求调速等。这样，在分析控制电路时就可做到心中有数，有的放矢。

2. 分析控制电路

在控制电路上由主电路的控制元器件主触头文字符号找到相关的控制环节及环节间的联系。将控制电路“化整为零”，按功能不同划分成若干个局部控制电路来进行分析，通常按展开顺序，结合元器件表、元器件动作位置表进行阅读。

第三节　三相异步电动机的基本控制电路

三相异步电动机的基本控制电路包括点动控制、长动控制、异地控制、正反转控制、行程控制、时间控制及顺序控制等。熟练地绘制、识读和安装电气控制电路图是电气工作人员的一项基本技能。

一、直接起动控制

最基本的继电器-接触器控制电路是用按钮和交流接触器控制电动机的起动和停止，用熔断器作电动机的短路保护，用热继电器作电动机的过载保护。

1. 点动控制电路

点动控制是指按下起动按钮，则电动机转动；松开起动按钮，则电动机停转。点动控制电路是最简单的电动机控制电路，如图 7-15 所示 。图中 SB 为点动按钮，主电路刀开关 QS 是电源开关，起隔离作用，熔断器 FU 起短路保护作用。

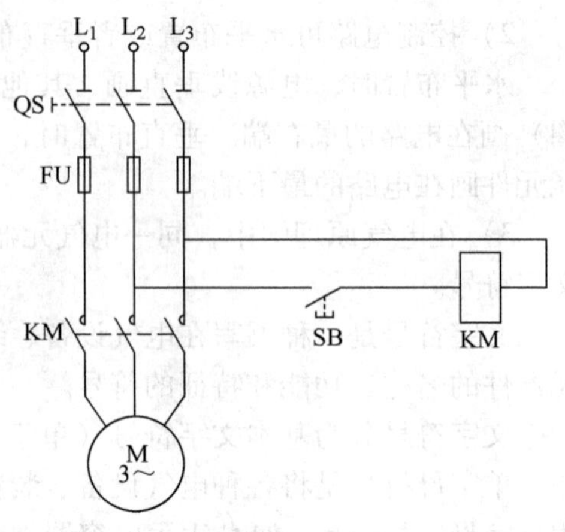

图 7-15　点动控制电路

闭合开关 QS，电路接入三相交流电源，由于此时主电路中的交流接触器主触头仍处于分断状态，所以电动机不能起动。当按住点动按钮 SB 时，交流接触器 KM 线圈得电，其常开主触头闭合，电动机得电运转。当松开点动按钮 SB 时，接触器 KM 线圈断电，其主触头分断，电动机停转。

点动控制电路的工作原理如下：

按住点动按钮 SB→KM 线圈得电 →KM 主触头闭合 →电机转动。

松开点动按钮 SB→KM 线圈断电 →KM 主触头分断 →电机停转。

点动控制广泛用于电动葫芦的控制及车床的快速移动等。

2. 直接起动、停止控制电路

在实际工作中，有些生产机械需要既能点动控制，又能连续长期地工作（简称长动控制）。要使电动机在松开点动按钮后保持连续运转，则需要在点动按钮两端并联交流接触器的一对常开辅助触头。这时的点动按钮改称为起动按钮。另外，为了使电动机停止转动，在接触器线圈回路中串接一个停止按钮。图 7-16 所示电路即为电动机直接起动、停止的控制电路（长动控制电路）。

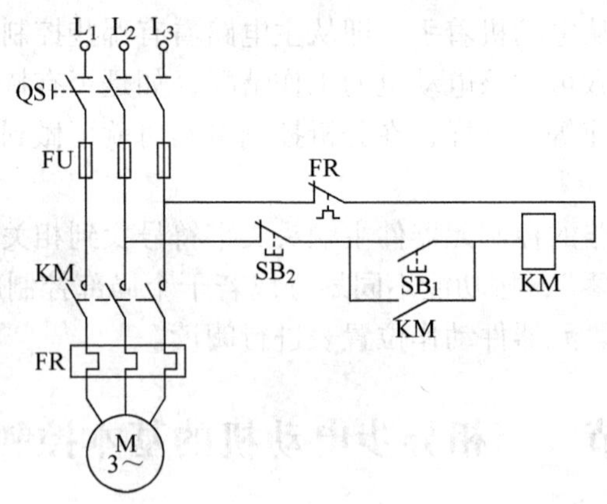

图 7-16　直接起动、停止的控制电路

直接起动、停止控制电路的工作原理如下：

1）起动过程。 按下起动按钮 SB_1→KM 线圈得电→
- KM 主触头闭合→接通主电路→电动机连续运转。
- KM 常开辅助触头闭合，实现自锁。

松开起动按钮后，交流接触器线圈依靠其自身已经闭合的常开辅助触头维持得电的状态，称为自锁，此时，电动机继续运行。实现自锁的触头称为自锁触头。

2）停止过程。按下停止按钮 SB_2→KM 线圈断电→
- KM 主触头恢复常态→分断主电路→电动机停转。
- 自锁触头恢复常态，失去自锁。

注意：隔离开关一般在不带负载的情况下切断或接通电源，因此在起动电动机时，应先闭合电源开关 QS，再按起动按钮 SB_1；在停止电动机运转时，应先按停止按钮 SB_2，再断开电源开关 QS。

电路的各种保护作用如下。

1）短路保护。熔断器 FU 用于电路的短路保护。一旦电路发生短路故障，熔断器熔体立即熔断，电动机立即停转。

2）过载保护。热继电器 FR 用于电路的过载保护。电动机一旦长时间过载，流过热继电器 FR 发热元件的电流将超过其整定电流，串联在控制电路中的 FR 常闭触头自行断开，从而使 KM 线圈断电，电动机停转。

3）欠电压和失电压（零电压）保护。交流接触器 KM 用于电路的欠电压和失电压（零电压）保护。当电源电压过低时，接触器 KM 线圈的电磁吸力不足，在复位弹簧的作用下，其主触头、辅助触头自行复位，主电路被分断，电动机停转。

综上所述，图 7-16 所示控制电路具有短路保护、过载保护及欠电压和失电压（零电压）保护的作用。

二、异地控制

有的生产机械可能有多个操作台，要求每个操作台都能独立控制电动机的起动和停止，这种控制称为异地控制，又称为多点控制。现以两地控制为例，分析电动机的异地控制原理。

如图 7-17 所示，无论是按下起动按钮 SB_1 还是起动按钮 SB_2，KM 线圈都可以得电，从而接通主电路，使电动机起动；无论是按下停止按钮 SB_3 还是停止按钮 SB_4，KM 线圈都可以断电，从而切断主电路，使电动机停转。

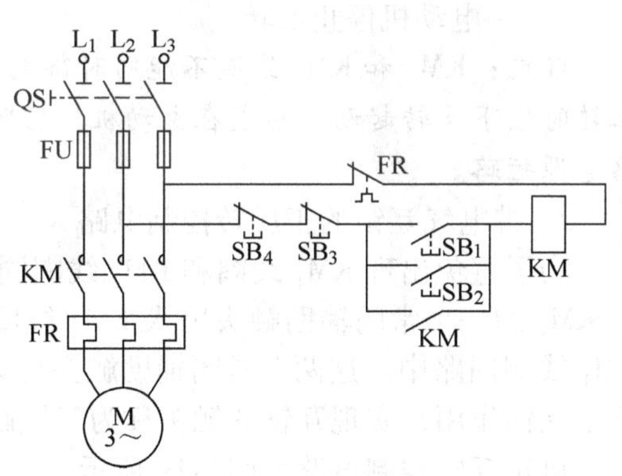

图 7-17　异地控制电路

综上所述，只要将起动按钮并联、停止按钮串联，就可以实现异地控制。

三、正反转控制

生产机械的正反向工作大多都是依靠电动机的正反转来实现的。要想实现电动机的反转，只需将接到电源的三根导线中的任意两根对调即可，因此，可以借助两个交流接触器来实现电动机的正反转控制。如图 7-18 所示，接触器 KM_1 控制电动机正转，接触器 KM_2 控制电动机反转，由于只控制一台电动机，因此只需一个热继电器做过载保护即可。

1. 正反转控制原理

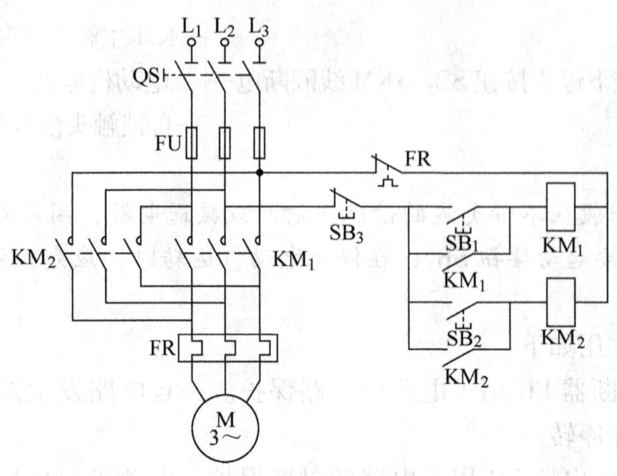

图 7-18　正反转控制电路

1）正转运行。按下正转起动按钮 SB_1→KM_1 线圈得电→
- KM_1 主触头闭合→接通主电路→电动机正转。
- KM_1 常开辅助触头闭合，实现自锁。

2）停止正转运行。按下停止按钮 SB_3→KM_1 线圈断电→KM_1 主触头断开并失去自锁→电动机停止正转。

3）反转运行。按下反转起动按钮 SB_2→KM_2 线圈得电→
- KM_2 主触头闭合→接通主电路→电动机反转。
- KM_2 常开辅助触头闭合，实现自锁。

4）停止反转运行。按下停止按钮 SB_3→KM_2 线圈断电→KM_2 主触头断开并失去自锁→电动机停止反转。

注意： KM_1 和 KM_2 线圈不能同时得电，因此不能同时按下 SB_1 和 SB_2，也不能在电动机正转时按下反转起动按钮或在电动机反转时按下正转起动按钮。如果操作错误，将引起主电路电源短路。

2. 带电气互锁的正反转控制电路

为了避免出现 KM_1 线圈和 KM_2 线圈同时得电的情况，在控制电路中引入互锁保护，即将 KM_1 的一个常闭辅助触头串入 KM_2 线圈回路中，同时将 KM_2 的一个常闭辅助触头串入 KM_1 线圈回路中。这两个常闭辅助触头可以保证两个接触器线圈不能同时得电，这种作用就是互锁作用，实现互锁的触头称为互锁触头。用交流接触器常闭辅助触头实现电气互锁的电动机正反转控制电路如图 7-19 所示。

1）正转运行。按下正转按钮 SB_1→KM_1 线圈得电→
- KM_1 常闭辅助触头分断，实现互锁。
- KM_1 主触头闭合→电动机正转。
- KM_1 常开辅助触头闭合，实现自锁。

在 KM_1 线圈得电过程中，由于 KM_1 常闭辅助触头分断，因此无论什么情况下，KM_2 线圈回路也不可能得电。

2）停止正转运行。按下停止按钮 SB_3→KM_1 线圈断电→KM_1 所有触头恢复常态→电动机停止正转。

3）反转运行。按下反转按钮 SB_2→KM_2 线圈得电→
- KM_2 常闭辅助触头分断，实现互锁。
- KM_2 主触头闭合→电动机反转。
- KM_2 常开辅助触头闭合，实现自锁。

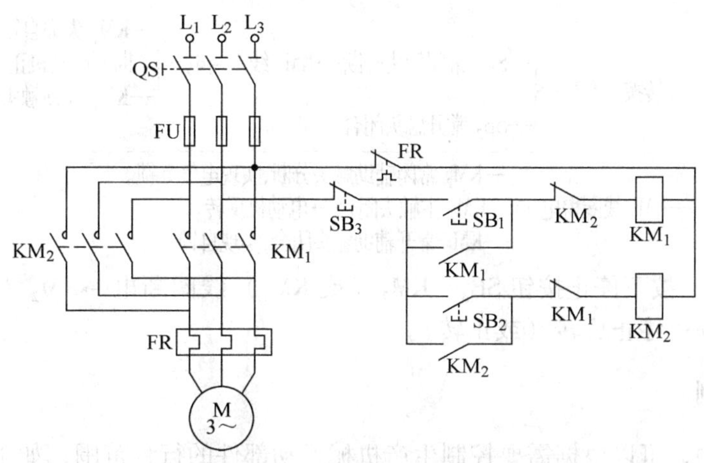

图 7-19　具有电气互锁的正反转控制线路图

4）停止反转运行。按下停止按钮 SB_3→KM_2 线圈断电→KM_2 所有触头恢复常态→电动机停止反转。

3. 双互锁正反转控制电路

用交流接触器常闭触头实现电气互锁的电动机正反转控制电路适用于容量较大的电动机，在具体操作时，若电动机处于正转运行状态，要反转时必须先按下停止按钮，再按下反转起动按钮才能使电动机反转；反之亦然。

对于容量较小的电动机，可以由正转直接转换为反转，而不必按下停止按钮，采用复式按钮即可实现这种控制，如图 7-20 所示。图中电路是将按钮 SB_1 的常闭触头串接在 KM_2 线圈回路中；将按钮 SB_2 的常闭触头串接在 KM_1 线圈回路中。复式按钮实现的互锁也叫机械互锁或按钮互锁，具有机械互锁和电气互锁的正反转控制电路简称双互锁控制电路。

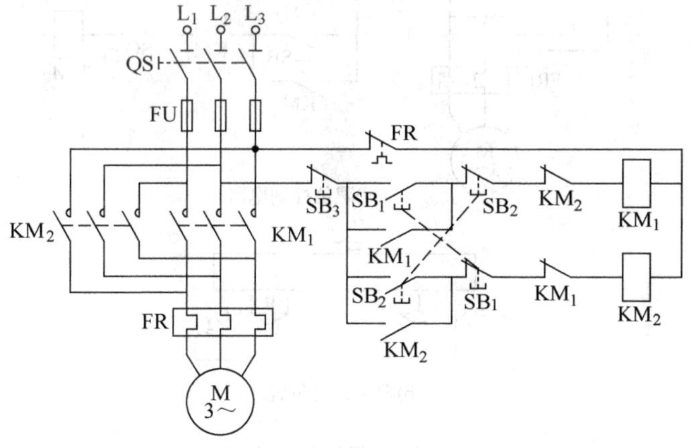

图 7-20　具有电气互锁和机械互锁的正反转控制电路

1）正转运行。按下正转按钮 SB_1→
- SB_1 常闭触头分断，实现机械互锁。
- SB_1 常开触头闭合→KM_1 线圈得电→
  - KM_1 常闭辅助触头分断，实现电气互锁。
  - KM_1 主触头闭合→电动机正转。
  - KM_1 常开辅助触头闭合，实现自锁。

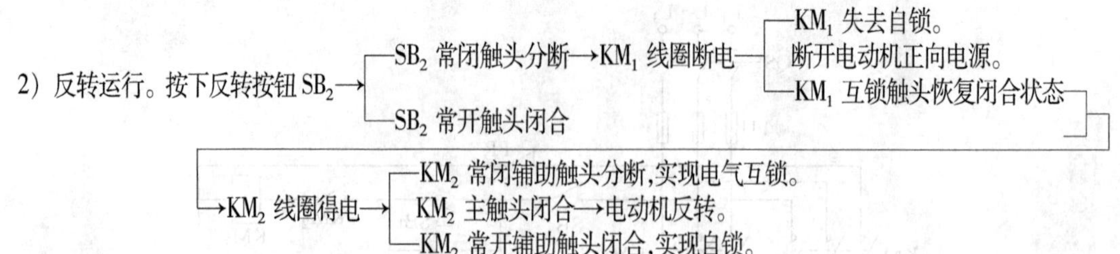

3）停止运行。按下停止按钮SB_3→KM_2（或KM_1）线圈断电→KM_2（或KM_1）所有触头恢复常态→电动机停止反转（或正转）。

四、行程控制

在生产过程中，可以根据需要控制生产机械运动部件的行程范围，如工作台的自动往复循环控制、料斗的升降位置控制等，这些都属于利用限位开关实现的三相异步电动机行程控制。

1．行程控制原理

行程控制电路如图7-21a所示。

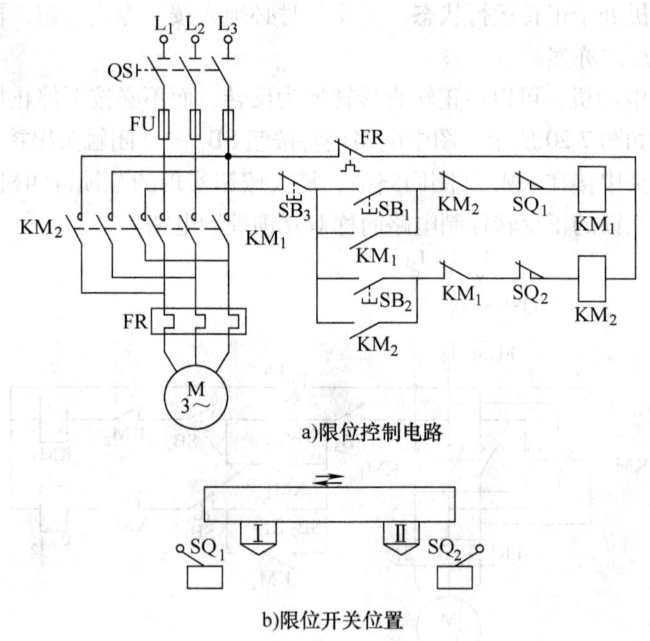

a)限位控制电路

b)限位开关位置

图7-21　行程控制电路

如图7-21b所示，工作台的前进与后退都由电动机的正反转来控制，限位开关SQ_1、SQ_2分别安装在机床上的相应位置，控制工作台的工作行程，挡铁Ⅰ和挡铁Ⅱ固定在工作台上，挡铁Ⅰ只和限位开关SQ_1相碰撞，挡铁Ⅱ只和限位开关SQ_2相碰撞。

限位控制的工作原理如下：

1）工作台前进。按下正转按钮 SB_1→KM_1 线圈得电→
- KM_1 常闭辅助触头分断，实现互锁。
- KM_1 主触头闭合→电动机正转→带动工作台前进→至 SQ_1 处→SQ_1 常闭触头分断→KM_1 线圈断电→
  - KM_1 失去自锁。
  - 断开电动机正向电源→工作台停止前进。
  - KM_1 互锁触头恢复闭合。
- KM_1 常开辅助触头闭合，实现自锁。

2）工作台后退。按下反转按钮 SB_2→KM_2 线圈得电→
- KM_2 常闭辅助触头分断，实现互锁。
- KM_2 主触头闭合→电动机反转→带动工作台后退→至 SQ_2 处→SQ_2 常闭触头分断→KM_2 线圈断电→
  - KM_2 失去自锁。
  - 断开电动机反向电源→工作台停止后退。
  - KM_2 互锁触头恢复闭合。
- KM_2 常开辅助触头闭合，实现自锁。

2. 自动往复循环行程控制

工作台在一定范围内自动往复循环运动时的控制电路如图 7-22 所示。

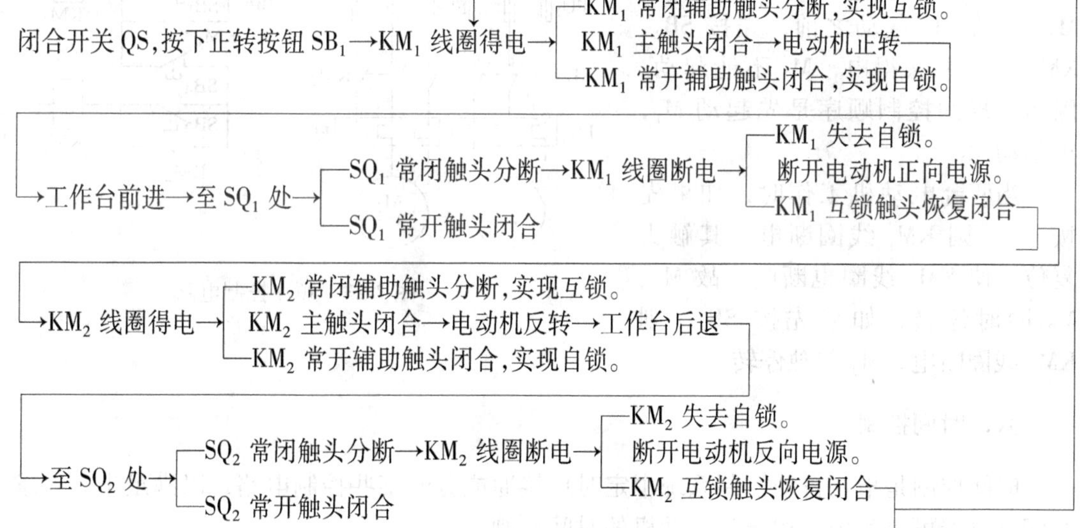

直到按下停止按钮 SB_3，电动机停转，工作台才会停止工作。

五、顺序控制

在有多台电动机的生产机械中，由于各台电动机的作用不同，电动机之间常有一些制约关系，如有些场合电动机的起停必须满足一定的顺序，有些电动机不允许同时工作，有些电动机不允许单独工作等。只有满足了这些制约关系，才能实现生产机械的运行要求，保证生产安全，对应的控制方式称为电动机的联锁控制。

实际生产中，机床的主轴电动机必须在油泵电动机起动后才能起动，钻床的进给运动必须在主轴旋转后才能进行。这就是典型的顺序控制。下面以两台电动机顺序起动的控制电路

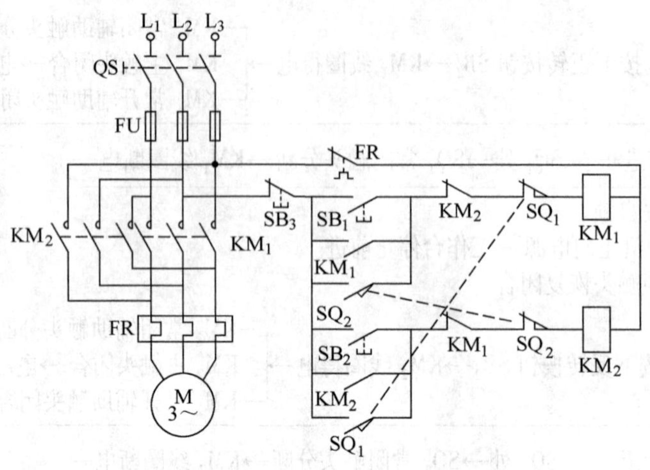

图 7-22　自动往返控制电路

为例，介绍顺序控制的工作原理，电路如图 7-23 所示。

在图 7-23 中，电动机 M_1 由接触器 KM_1 控制，电动机 M_2 由接触器 KM_2 控制。操作顺序只能先按 SB_1 起动 M_1，然后再按下 SB_2 起动 M_2。若在 M_1 起动之前，先按 SB_2，KM_2 线圈无法得电，M_2 不能起动。因而实现的控制顺序是先起动 M_1，再起动 M_2。

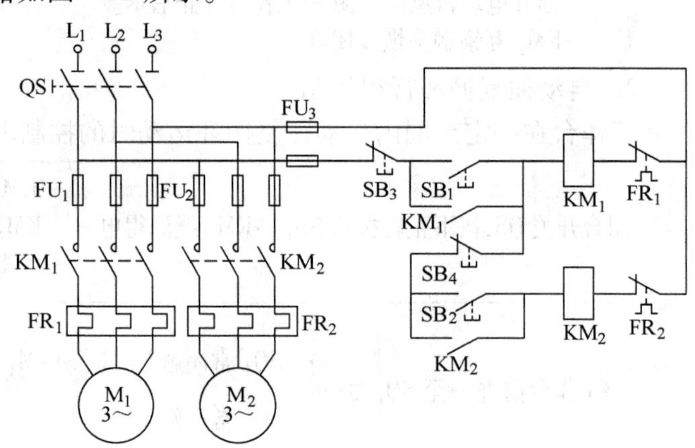

图 7-23　顺序控制电路

当两台电动机工作时，如果先按 SB_3，则 KM_1 线圈断电，其触头复位，使 KM_2 线圈也断电，故 M_1、M_2 同时停转；如果先按 SB_4，则 KM_2 线圈断电，M_2 单独停转。

六、时间控制

时间控制是指在自动控制系统中定时地接通或分断某些控制电路，以满足生产要求。用时间继电器可以实现三相异步电动机的时间控制。

图 7-24 所示为三相异步电动机Y-△减压起动控制电路。

Y-△减压起动控制的工作原理如下：

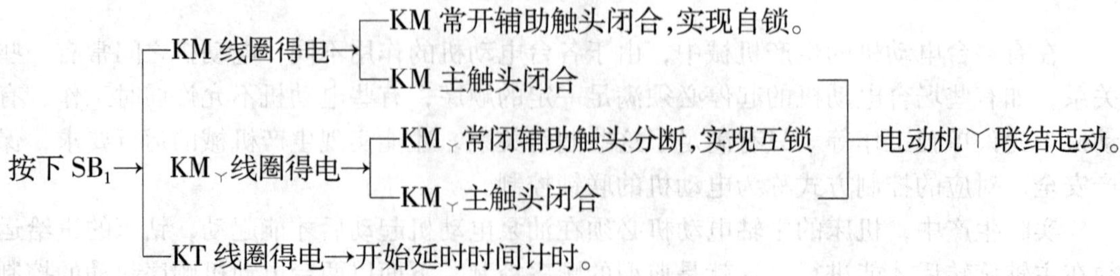

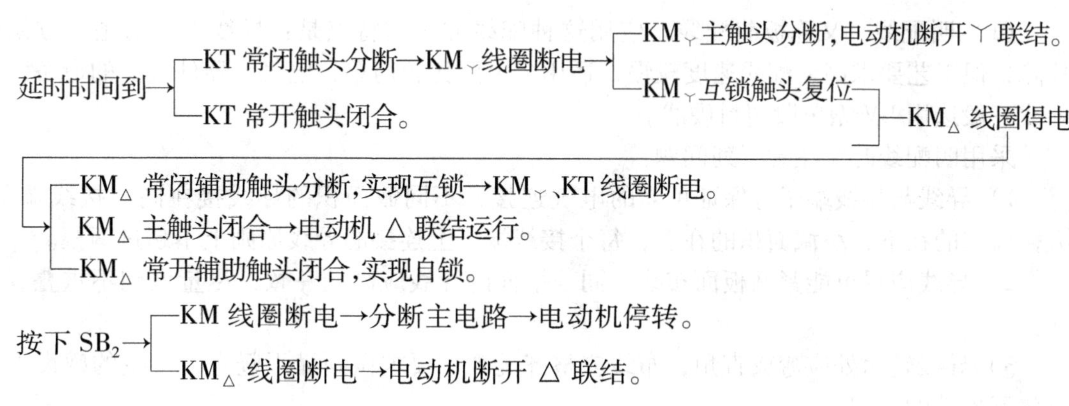

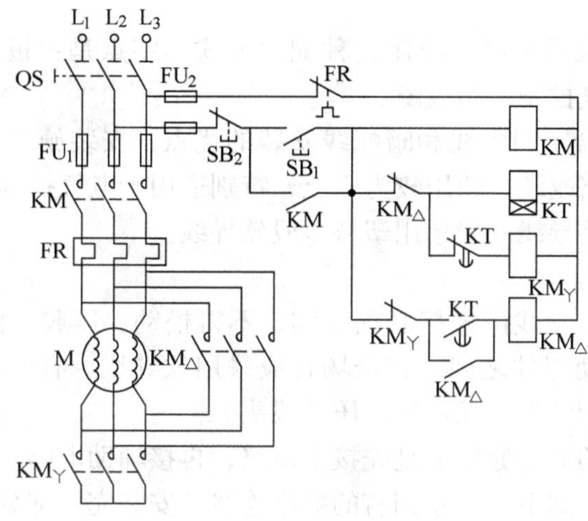

图 7-24　Y-△减压起动控制电路

【知识链接】

电气控制电路的安装与故障检修

一、电气控制电路的安装

1. 电气元器件的布局

根据电动机控制电路原理图的要求，列出电气元器件清单，进行板面布置设计。

电气元器件在配电板上的布局要合理，原则是连接导线最短，导线交叉最少，便于接线和维修。对于简单的控制电路，可以直接进行布置安装，要求元器件安装牢固且符合工艺要求；对于复杂的控制电路，必须事先绘制电气安装接线图。

安装时，用固定螺栓逐个把电气元器件固定在配电板上，在螺栓上加装平垫圈和弹簧垫圈，紧固时不能用力过猛，以免压裂电气元器件的安装螺孔。对导轨式安装的电气元器件，按要求把电气元器件插入导轨即可。

2. 按钮的安装

停止按钮必须安装在起动按钮的下边或左边，在正反转控制电路中，停止按钮应安装在两个起动按钮中间。应注意不同作用按钮的颜色选择。

3. 配线方式

（1）明配线　又称板前配线。应用这种配线方式的特点是：导线走向清楚，方便检查故障，但工艺要求高，配线速度较慢，适用于电路比较简单，电气元器件较少的设备，连接导线一般选用 BV 型单股塑料硬线。

采用明配线时应注意下列问题：

1）导线与接线端子应保证可靠的电气连接，不同截面积的导线接在同一接线端子时，大截面积的在下，小截面积的在上，每个接线端子上连接的导线原则上不超过两根。

2）导线应尽可能紧贴板面布线，同一平面的导线应高低一致，尽量做到不重叠、不交叉。

3）导线转角处应弯成直角，布线应整齐美观，要求做到横平竖直，导线的敷设不影响电气元器件的拆卸。

（2）暗配线　又称板后配线，应用这种配线方式的特点是：板面整齐美观，配线速度较快，但不利于检查电气控制电路故障。

（3）线槽配线　综合了明配线和暗配线安装的优点，安装施工迅速简便，板面整齐美观，方便检查维修及线路改装，使用较为广泛，特别适用于电气控制电路复杂、电气元器件多的电气设备安装。连接导线一般选用塑料多股软导线。

4. 接线方式

（1）导线连接　所有导线的连接必须牢固，不得松动，压胶、漏铜不得超过 2mm。硬导线只能固定安装在不动部件之间，其余场合应采用软导线。有些端子不适合连接软导线时，可在导线端头上采用针形、叉形等冷压接线头。

安装接线时，连接的顺序原则上是先接主电路，再接辅助电路。控制电路应按线圈回路一个一个地接，按照从上到下、从左到右的顺序连接，安装完一部分检查一部分，安装时不可漏接地线。

电气元器件的进出线必须按照“上进下出、左进右出”的原则进行接线。

（2）导线颜色标志　接线时，需注意各电路用线的规格和颜色，不可接错。对于复杂的电气电路，其主电路和控制电路应选择不同颜色的导线，如动力电路采用黑色，控制电路采用红色。中性线 N 采用浅蓝色，保护线 PE 必须采用黄绿双色。

（3）导线排列

1）考虑好电气元器件之间连接线的走向、路径，选取合适的导线，布线尽可能紧贴配电板；根据装置的结构形式和电气元器件的位置来确定导线的长度，并将导线理直；相邻电气元器件之间也可以“空中走线”。

2）导线转角处用尖嘴钳弯成直角，同向导线应紧靠在一起并紧贴配电板排列，同一平面的导线要保持高度一致、垂直位置一致，导线与导线之间不得交叉、重叠。

3）可移动控制按钮的连接线必须用软导线，与配电板上元器件连接时必须通过接线端子，并加以编号。

4）所有导线从一个端子到另一个端子的走线必须是连续的，中间不得有接头。

5）连接好所有导线之后，应进行整理，要求做到横平竖直，即各线束与板面呈水平或垂直排列。

6）导线线号的标志应与电气原理图和电气安装接线图相符。在每一根连接导线的线头上必须套上标有线号的套管，应置于接近端子处。线号的编制方法应符合国家相关标准。

（4）行线方式　行线方式分为捆扎法和行线槽法两种。

捆扎法是指布线之后，在电路之间不致产生相互干扰或耦合的情况下，对相同走向的导线采用捆扎形式形成线束。行线槽法是指布线时按照水平和垂直两个方向，将导线按走向分别放在行线槽内。

二、通电前检查

清理配电板及其周围的物品，做好通电前的检查工作。

1）对照原理图，检查各电气元器件安装位置是否正确，接线是否正确、可靠。

2）各个按钮、各种电路绝缘导线的颜色是否符合要求。

3）用500V 绝缘电阻表测量电动机的绝缘电阻，应不小于0.5MΩ。

三、通电试车

安装完毕、检查无误后，即可进行通电试车。通电时，应先接通主电源，断电时操作顺序相反。通电后，要注意观察各个电气设备的工作是否正常、动作顺序是否正常。若有异常现象，如电动机起动困难、线圈过热及出现异常噪声等，应立即停车，查明原因。

四、电动机控制电路的检修

1）检修前的调查。检修前对故障现象进行详细调查：如有无异响、冒烟、火花及异常振动，看触头是否有烧蚀现象，线头是否松动；线圈是否温升过高；电动机的转速是否正常等。这类故障有明显的外表特征，容易排查。

2）根据故障调查结果，分析故障现象，缩小检查范围，确定故障所在部位。

按起动按钮，观察控制电动机的交流接触器是否吸合，若接触器吸合而电动机不转，说明故障在主电路；若接触器不能吸合则说明控制电路有故障。在此判断的基础上，可借助仪表做进一步检查，就可迅速找到故障所在部位。

用万用表的欧姆挡测量：在断电情况下，可检查电路的通断情况，测量电气元器件有无短路、断路等情况（**注意：**要选择适合的挡位）。如果被测电路与其他电路并联，测量前必须将该电路与其他电路断开，否则测量结果不准确。测量时，可先把黑表笔固定在某一端点上，移动红表笔进行测量。

用万用表的电压挡测量：可检查三相电源电压是否正常、电路电压是否正常等。**注意：**测量时，将万用表置于500V 交流电压挡位上。

另外，可用钳形电流表检查电动机的起动电流大小，用验电笔检查电路是否有电等。

3）根据已经确定的故障部位判明故障原因，及时排除故障。

【实训练习一】

三相异步电动机直接起动的控制电路

一、实训目的

1）掌握三相异步电动机直接起动控制的工作原理。

2）了解判断常用低压电器好坏的方法。

3）了解常用电工仪表、低压电器的选择和使用方法。

4）熟悉三相异步电动机直接起动控制电路的接线方法及工艺要求。

5）了解三相异步电动机直接起动控制电路的故障排查方法。

二、实训器材

1）电工实训台（配备交流接触器 1 个、按钮盒 1 个、热继电器 1 个、低压熔断器 3 只及接线端子等）。

2）万用表、绝缘电阻表等。

3）电工工具一套，导线若干。

三、实训电路

三相异步电动机直接起动控制电路如图 7-25 所示。

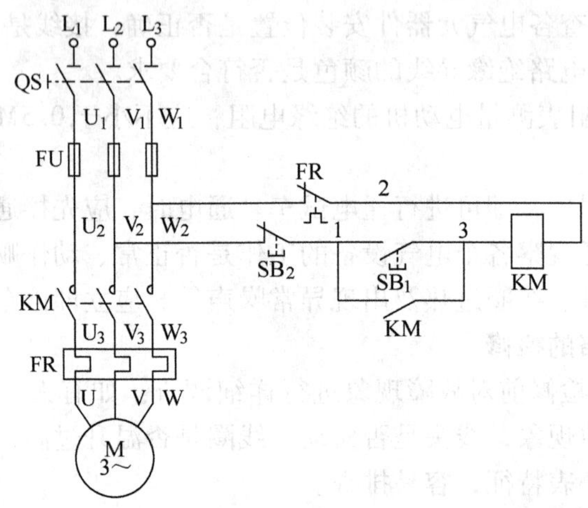

图 7-25　三相异步电动机直接起动控制电路

电路图采用电路编号法，即对电路中的各个节点用字母或数字编号。

（1）主电路　电源开关之后的三相交流电源主电路分别按 U、V、W 顺序标记。电源开关的出线端按相序依次编号为 U_1、V_1、W_1。然后按从上至下、从左至右的顺序，每经过一个电气元器件后，编号要递增，如 U_2、V_2、W_2，U_3、V_3、W_3。

单台三相异步电动机的三根引出线按相序依次编号为 U、V、W。对于多台电动机引出线的编号，为了避免引起误解和混淆，可在字母前用不同的数字加以区别，如 1U、1V、1W，2U、2V、2W 等。

（2）控制电路　采用阿拉伯数字进行编号，一般由三位或三位以下的数字组成。按等电位原则，根据从上至下、从左至右的顺序用数字依次编号，凡是被线圈、触头及电路元件等隔离的线段，都应标以不同的电路标记。其他辅助电路（含照明电路、指示电路）编号也依次类推。

控制电路编号的起始数字必须是 1、2。线圈左侧的全是单号，线圈右侧的全是双号。一般是从起动按钮开始为 1、每过一个元器件标一个号，编号要依次奇数递增，横着排，到接触器或者继电器的线圈左侧为止，分别为 3、5、7、9、11……排完后再接着排下面一行，直至排完。若对多个电动机进行控制时，可以变成 101、103、105，201、203、205……及 102、104、106，202、204、206……

图 7-26 所示为三相异步电动机直接起动控制电路的接线图。

四、选择并检查元器件

根据控制电路图在实训台上选择所需的低压电器，列出电气元器件清单并进行质量检查。结合电气原理图，将所需的电气元器件及导线的型号、规格和数量填入表 7-1 中。

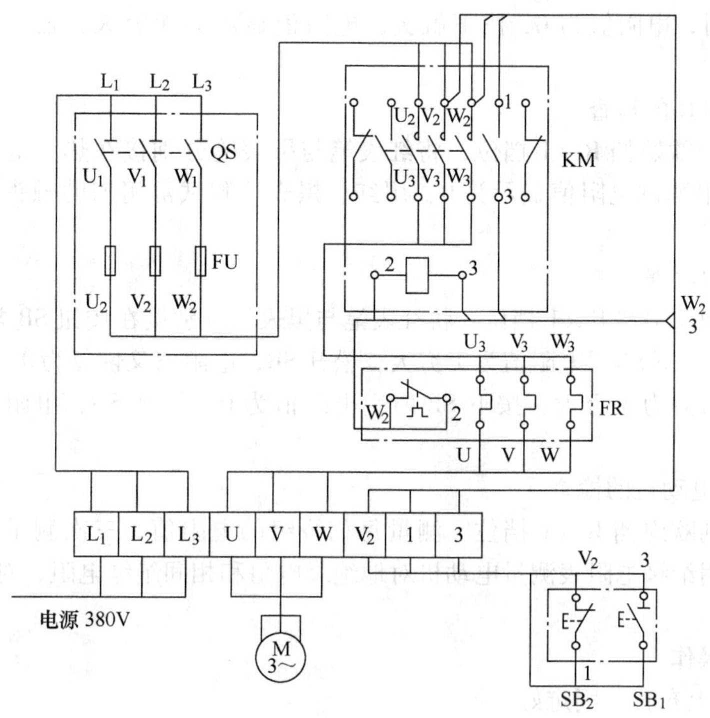

图 7-26　三相异步电动机直接起动控制电路接线图

表 7-1　电气元器件清单

序号	名称	符号	型号	规格	数量

1. 开关 QS 的检查

将万用表调到欧姆挡 R×1 挡位，将红表笔与黑表笔分别接在断路器三对常开触头的两端。在 QS 分断的状态下，三组电阻值都是无穷大；闭合 QS 后，三组电阻值都为 0，说明开关是好的。

2. 熔断器 FU 的检查

将万用表调到欧姆挡 R×1 挡位，将红表笔与黑表笔分别接在熔断器的两端，电阻值为 0，说明熔断器是好的。

3. 交流接触器 KM 的检查

将万用表调到欧姆挡 R×100 挡位，把红黑两表笔接在 KM 线圈的两端，读出 KM 线圈电阻值，做好记录，以便通电前检查。

将万用表调到欧姆挡 R×1 挡位，将红表笔与黑表笔分别接在接触器三对常开主触头的两端，三组测试电阻值应显示为无穷大；用手让接触器的铁心和衔铁吸合，即按下触头，三组电阻值都应显示为 0。用同样的方法测试常开辅助触头。再将两表笔分别接在常闭辅助触头的两端，常态时，电阻值为0，按下触头，电阻值显示为无穷大，松开后，电阻值恢复到0。

4. 热继电器FR的检查

将万用表调到欧姆挡R×1挡位，将红表笔与黑表笔分别接在热继电器三个发热元件对应的两端，三组测试电阻值显示为0，用红、黑表笔测试常闭辅助触头两端，电阻值显示为0。

5. 按钮SB的检查

将万用表调到欧姆挡R×1挡位，将红表笔与黑表笔分别接在按钮SB常闭触头的两端，电阻值显示为0，按下SB，电阻值为无穷大，松开SB，电阻值又恢复为0；然后测试常开触头，常态时，电阻值为无穷大，按下SB时，电阻值为0，松开SB，电阻值又恢复为无穷大。

6. 三相异步电动机的检查

将万用表调到欧姆挡R×1挡位，测量每相绕组的电阻值，三次测量的电阻值基本相等，做好记录；用绝缘电阻表测量电动机对地绝缘电阻和相间绝缘电阻，对地绝缘电阻必须在0.5MΩ以上。

五、通电前操作

1）在配电板上布置并固定好元器件。

2）进行布线与接线。

3）通电前检查。

六、通电操作

未经指导教师同意，不得通电。检查无误后，方可在指导教师的监护下通电试车。

闭上电源开关，按下起动按钮，注意观察电气元器件的动作是否正常，有无卡阻、噪声过大等现象，观察电动机的起动是否迅速、运行情况是否正常。

若通电试车不成功，则应断电，排除故障。若需带电检查，则必须有指导教师现场监护。

七、安全文明要求

1）通电试车时应按电工安全要求进行操作。

2）节约使用导线。

3）保持工位整洁，操作完毕后将工位清理干净。

八、实训考核

根据表7-2所列内容对本次实训进行评分。

表7-2 电动机控制电路安装技能训练评分表

考核内容及要求	分值	评分标准	扣分	得分	备注
设备选择测试	15	1. 元器件选择不对，每件扣2分			
		2. 有问题未测试出来，每件扣2分			
元器件布局与安装	15	1. 元器件布局不合理，每件扣2分			损坏元器件，每件扣5分
		2. 元器件安装不正确，每件扣3分			
		3. 元器件固定不牢固，每件扣3分			

（续）

考核内容及要求	分值	评分标准	扣分	得分	备注
连接控制电路	30	1．连线不牢固，每个接头扣2分 2．连线走向不合理，每根导线扣1分 3．线头处理不好，每个扣1分 4．不按电路图接线，扣20分			
调试运行	30	1．第一次试车不成功，扣10分 2．第二次试车不成功，扣20分 3．第三次试车不成功，扣30分			
安全文明操作	10	1．违反操作规则，扣5～10分 2．材料浪费，扣2分			

九、思考题

1）点动控制与长动控制的本质差别是什么？

2）断相起动时的现象是什么？

【实训练习二】

三相异步电动机正反转控制电路

一、实训目的

1）掌握三相异步电动机正反转控制的工作原理。

2）熟悉判断常用低压电器好坏的方法。

3）了解常用电工仪表、低压电器的选择和使用方法。

4）熟悉三相异步电动机正反转控制电路的接线方法及工艺要求。

5）熟悉三相异步电动机正反转控制电路的故障排查方法。

6）熟悉电路编号法。

二、实训器材

1）电工实训台（配备交流接触器2个、按钮盒1个、热继电器1个、低压熔断器3只、接线端子等）。

2）万用表、绝缘电阻表等。

3）电工工具一套，导线若干。

三、实训电路

三相异步电动机正反转控制电路如图7-27所示。

图7-28所示为三相异步电动机正反转控制电路接线图。

四、实训步骤

1）分析正反转控制电路的工作原理。

2）选择并检查元器件。根据控制电路图在实训台上选择所需的低压电器，列出电气元器件清单并进行质量检查。结合电气原理图，将所需要的电气元器件及导线的型号、规格和数量填入表7-3中。

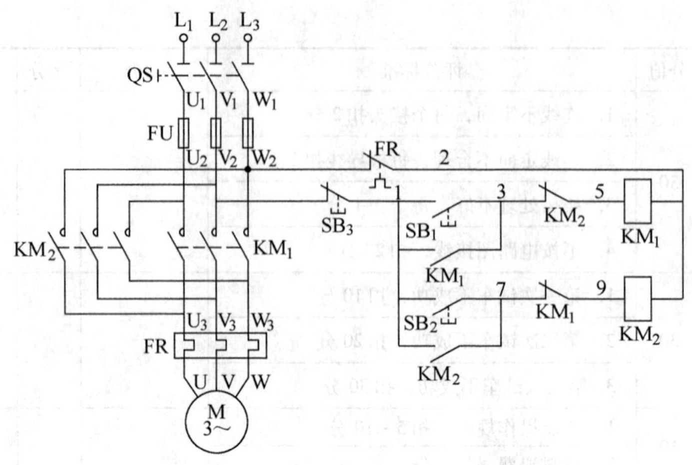

图 7-27　三相异步电动机正反转控制电路

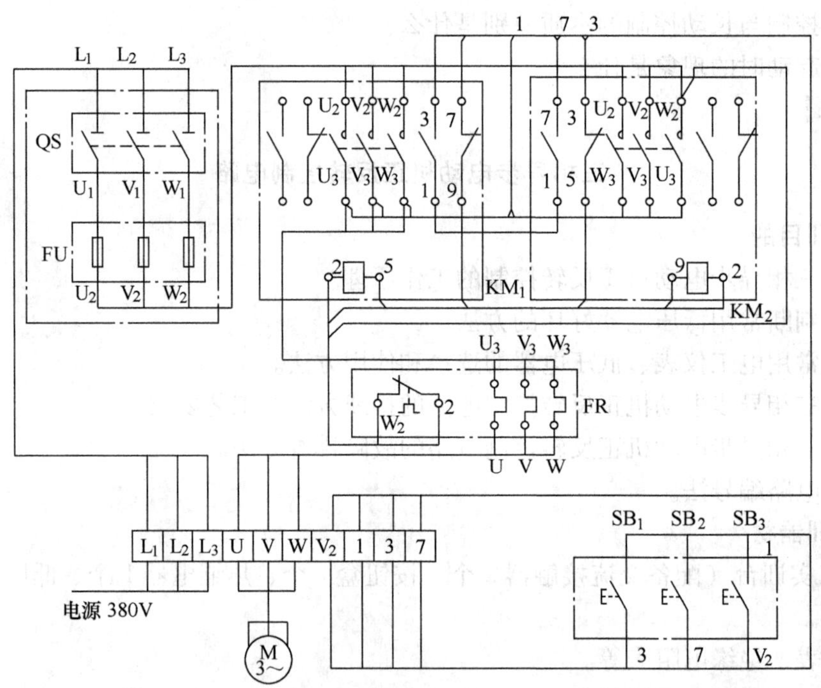

图 7-28　三相异步电动机正反转控制电路接线图

表 7-3　电气元器件清单

序号	名称	符号	型号	规格	数量

3）在配电板上布置并固定好各低压电器和相关元器件。

4）画出接线图，按照工艺要求安装控制电路。

5）检查电路。通电前必须进行电路检查。未经指导教师同意，不得通电。

6）通电试车。电路检查无误后，方可在指导教师的监护下通电试车。

闭合电源开关，按下起动按钮，注意观察电气元器件的动作是否正常，有无卡阻、噪声过大等现象，观察电动机的起动是否迅速、运行情况是否正常。

若通电试车不成功，则应断电排除故障。若需带电检查，则必须有指导教师现场监护。

五、安全文明要求

1）通电试车时应按电工安全要求进行操作。

2）节约使用导线。

3）保持工位整洁，操作完毕后将工位清理干净。

六、实训考核

根据表7-2所列内容对本次实训进行评分。

七、思考题

1）互锁触头的作用是什么？

2）只采用机械互锁是否也可以实现电动机的正反转控制？它与电气互锁及双互锁的区别是什么？

【实训练习三】

三相异步电动机异地控制电路

一、实训目的

1）掌握三相异步电动机异地控制的工作原理。

2）掌握判断常用低压电器好坏的方法。

3）掌握常用电工仪表、低压电器的选择和使用方法。

4）掌握三相异步电动机异地控制电路的接线方法及工艺要求。

5）掌握三相异步电动机异地控制电路的故障排查方法。

6）熟悉电路编号法。

二、实训器材

1）电工实训台（配备交流接触器1个、按钮盒1个、热继电器1个、低压熔断器3只、接线端子等）。

2）万用表、绝缘电阻表等。

3）电工工具一套，导线若干。

三、实训电路

三相异步电动机异地控制电路如图7-29所示。

四、实训步骤

1）分析异地控制电路的工作原理。

2）选择并检查元器件。根据控制电路图在实训台上选择所需的低压电器，列出电气元器件清单并进行质量检查。结合电气原理图，将所需要的电气元器件及导线的型号、规格和数量填入表7-4中。

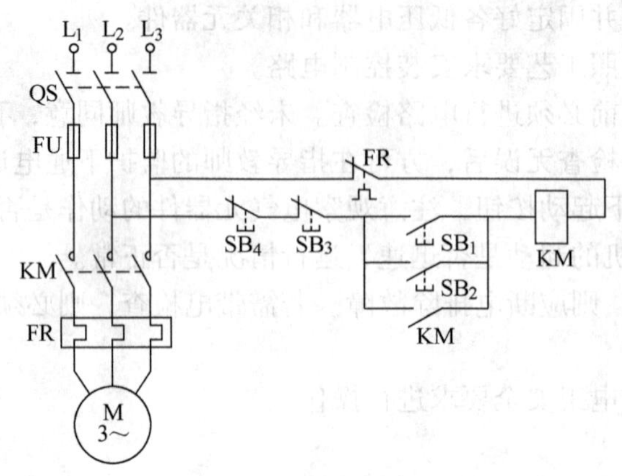

图 7-29　三相异步电动机异地控制电路

表 7-4　电气元器件清单

序号	名称	符号	型号	规格	数量

3）在配电板上布置并固定好各低压电器和相关元器件。

4）画出接线图，按照工艺要求安装控制电路。

5）检查电路。通电前必须进行电路检查。未经指导教师同意，不得通电。

6）通电试车。电路检查无误后，方可在指导教师的监护下通电试车。

闭合电源开关，按下起动按钮，注意观察电气元器件的动作是否正常，有无卡阻、噪声过大等现象，观察电动机的起动是否迅速、运行情况是否正常。

若通电试车不成功，则应断电排除故障。若需带电检查，则必须有指导教师现场监护。

五、安全文明要求

1）通电试车时应按电工安全要求进行操作。

2）节约使用导线。

3）保持工位整洁，操作完毕后将工位清理干净。

六、实训考核

根据表 7-2 所列内容对本次实训进行评分。

七、思考题

1）什么是电动机的异地控制？

2）在电动机的异地控制中，起动按钮如何连接？停止按钮如何连接？

【实训练习四】

三相异步电动机行程控制电路

一、实训目的

1）掌握三相异步电动机行程控制电路的工作原理。

2）掌握判断限位开关好坏的方法。

3）掌握常用电工仪表、低压电器的选择和使用方法。

4）掌握三相异步电动机行程控制电路的接线方法及工艺要求。

5）掌握三相异步电动机行程控制电路的故障排查方法。

二、实训器材

1）电工实训台（配备交流接触器2个、按钮盒1个、热继电器1个、低压熔断器3只、限位开关2个、接线端子等）。

2）万用表、绝缘电阻表等。

3）电工工具一套。

三、实训电路

三相异步电动机行程控制电路如图7-30所示。

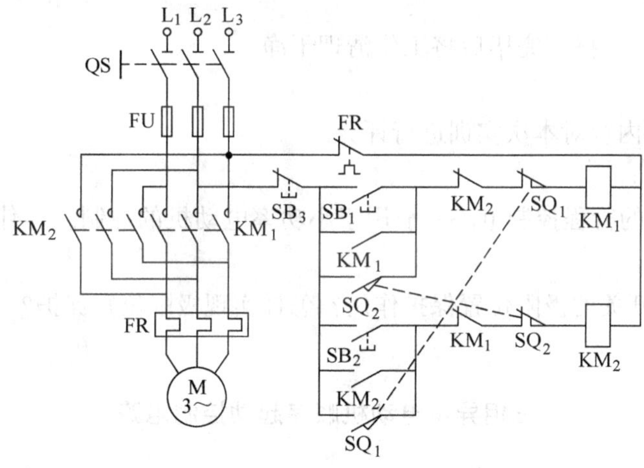

图7-30　三相异步电动机行程控制电路

四、实训步骤

1）分析行程控制电路的工作原理。

2）选择并检查元器件。根据控制电路图在实训台上选择所需的低压电器，列出电气元器件清单并进行质量检查。结合电气原理图，将所需要的电气元器件及导线的型号、规格和数量填入表7-5中。

表7-5　电气元器件清单

序号	名称	符号	型号	规格	数量

（续）

序号	名称	符号	型号	规格	数量

3）在配电板上布置并固定好各低压电器和相关元器件。

4）画出接线图，按照工艺要求安装控制电路。

5）检查电路。通电前必须进行电路检查。未经指导教师同意，不得通电。

6）通电试车。电路检查无误后，方可在指导教师的监护下通电试车。

闭合电源开关，按下起动按钮，注意观察电气元器件的动作是否正常，有无卡阻、噪声过大等现象，观察电动机的起动是否迅速、运行情况是否正常。

若通电试车不成功，则应断电排除故障。若需带电检查，则必须有指导教师现场监护。

五、安全文明要求

1）通电试车时应按电工安全要求进行操作。

2）节约使用导线。

3）保持工位整洁，操作完毕后将工位清理干净。

六、实训考核

根据表 7-2 所列内容对本次实训进行评分。

七、思考题

1）图 7-30 所示的行程控制电路一般用于小功率电动机的控制，为什么它不适用于功率较大的电动机控制？

2）什么是限位开关的极限位置保护作用？怎样实现极限位置保护？

【实训练习五】

三相异步电动机顺序起动控制电路

一、实训目的

1）掌握三相异步电动机顺序起动控制电路的工作原理。

2）掌握常用电工仪表、低压电器的选择和使用方法。

3）掌握三相异步电动机顺序起动控制电路的接线方法及工艺要求。

4）掌握三相异步电动机顺序起动控制电路的故障排查方法。

二、实训器材

1）电工实训台（配备交流接触器 2 个、按钮盒 1 个、热继电器 2 个、低压熔断器 7 只、接线端子等）。

2）万用表、绝缘电阻表等。

3）电工工具一套。

三、实训电路

三相异步电动机顺序起动控制电路如图 7-31 所示。

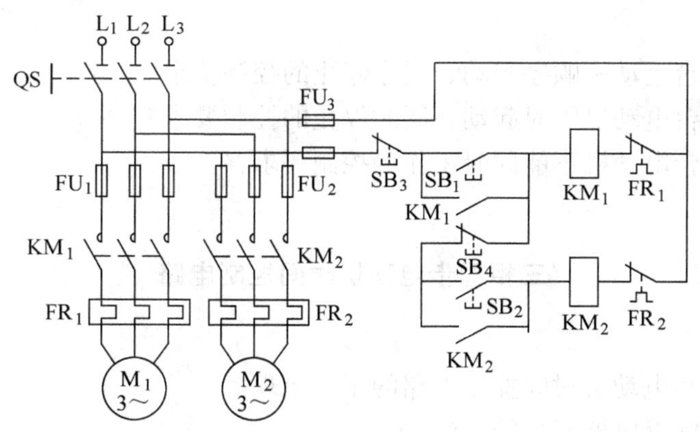

图 7-31　三相异步电动机顺序起动控制电路

四、实训步骤

1）分析顺序起动控制电路的工作原理。

2）选择并检查元器件。根据控制电路图在实训台上选择所需的低压电器，列出电气元器件清单并进行质量检查。结合电气原理图，将所需要的电气元器件及导线的型号、规格和数量填入表 7-6 中。

表 7-6　电气元器件清单

序号	名称	符号	型号	规格	数量

3）在配电板上布置并固定好各低压电器和相关元器件。

4）画出接线图，按照工艺要求安装控制电路。

5）检查电路。通电前必须进行电路检查。未经指导教师同意，不得通电。

6）通电试车。电路检查无误后，方可在指导教师的监护下通电试车。

闭合电源开关，按下起动按钮，注意观察电气元器件的动作是否正常，有无卡阻、噪声过大等现象，观察电动机的起动是否迅速、运行情况是否正常。

若通电试车不成功，则应断电排除故障。若需带电检查，则必须有指导教师现场监护。

五、安全文明要求

1）通电试车时应按电工安全要求进行操作。

2）节约使用导线。

3）保持工位整洁，操作完毕后将工位清理干净。

六、实训考核

根据表 7-2 所列内容对本次实训进行评分。

七、思考题

1）如何实现两台电动机顺序起动、逆序停止的控制要求？

2）如何实现两台电动机同时起动、同时停止的控制要求？

3）如何实现两台电动机不能同时工作的控制要求？

【实训练习六】

三相异步电动机时间控制电路

一、实训目的

1）掌握三相异步电动机时间控制电路的工作原理。

2）掌握判断时间继电器好坏的方法。

3）掌握常用电工仪表、低压电器的选择和使用方法。

4）掌握三相异步电动机时间控制电路的接线方法及工艺要求。

5）掌握三相异步电动机时间控制电路的故障排查方法。

二、实训器材

1）电工实训台（配备交流接触器 3 个、按钮盒 1 个、热继电器 1 个、低压熔断器 5 只、时间继电器 1 个、接线端子等）。

2）万用表、绝缘电阻表等。

3）电工工具一套。

三、实训电路

三相异步电动机时间控制电路如图 7-32 所示。

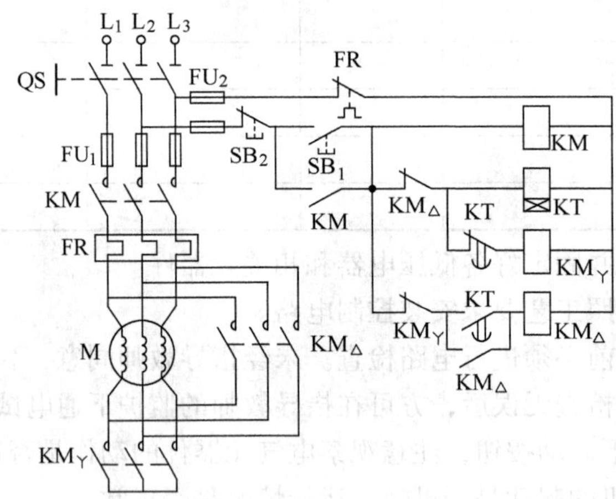

图 7-32　三相异步电动机时间控制电路

四、实训步骤

1）分析时间控制电路的工作原理。

2）选择并检查元器件。根据控制电路图在实训台上选择所需的低压电器，列出电气元器件清单并进行质量检查。结合电气原理图，将所需要的电气元器件及导线的型号、规格和数量填入表 7-7 中。

表 7-7　电气元器件清单

序号	名称	符号	型号	规格	数量

3）在配电板上布置并固定好各低压电器和相关元器件。

4）画出接线图，按照工艺要求安装控制电路。

5）检查电路。通电前必须进行电路检查。未经指导教师同意，不得通电。

6）通电试车。电路检查无误后，方可在指导教师的监护下通电试车。

闭合电源开关，按下起动按钮，注意观察电器元件的动作是否正常，有无卡阻、噪声过大等现象，观察电动机的起动是否迅速、运行情况是否正常。

若通电试车不成功，则应断电排除故障。若需带电检查，则必须有指导教师现场监护。

五、安全文明要求

1）通电试车时应按电工安全要求进行操作。

2）节约使用导线。

3）保持工位整洁，操作完毕后将工位清理干净。

六、实训考核

根据表 7-2 所列内容对本次实训进行评分。

七、思考题

图 7-32 所示的时间控制电路是否适用于任何电动机？

习　题　七

7-1　按钮和开关的作用有何区别？

7-2　行程开关与按钮有何相同之处与不同之处？

7-3　在三相异步电动机电气控制电路的主电路中，既然装有熔断器，为什么还要装热继电器？它们各起什么作用？

7-4　交流接触器有何用途？主要由哪几部分组成？

7-5　一个按钮的常开触头和常闭触头有可能同时用做起动按钮和停止按钮吗？

7-6　试画出既能连续工作，又能点动工作的三相异步电动机的电气控制电路。

7-7　有两台笼型三相异步电动机 M_1 和 M_2，现要求：

（1）M_1 起动后，M_2 才能起动；

（2）M_1 停车时，M_2 必须同时停车，M_2 可以实现单独停车；

（3）两台电动机都要有短路保护、过载保护及失电压保护。

试画出其电气控制电路。

7-8　某机床润滑油泵由一台笼型异步电动机 M_1 带动，主轴由另一台笼型异步电动机 M_2 带动，现要求：

（1）主轴电动机只有在油泵电动机起动后才能起动；

（2）主轴电动机不但能连续运转，还能实现点动运行；

（3）两台电动机同时停车；

（4）两台电动机都要有短路保护、过载保护及失电压保护。

试画出其电气控制电路。

7-9　图7-33所示为两台三相异步电动机的电气控制电路，试说明此电气控制电路具有什么控制功能？

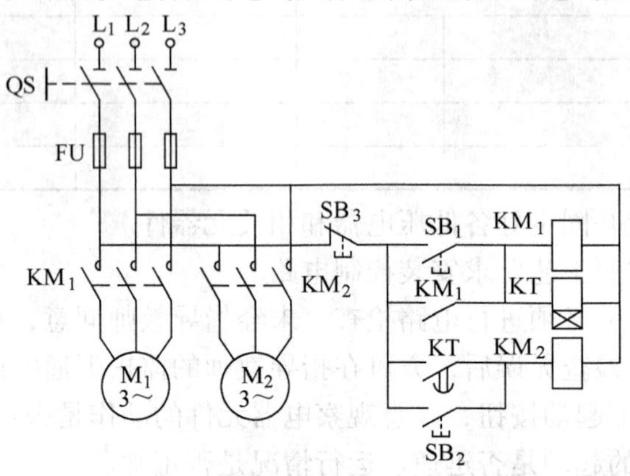

图7-33　题7-9图

7-10　现有两台三相异步电动机，要求：

（1）按下起动按钮后，M_1 起动，M_2 延时3min后自行起动；

（2）M_2 起动后，M_1 立即停车；

（3）两台电动机都要有短路保护、过载保护及失电压保护。

试画出其电气控制电路。

7-11　试设计三台三相异步电动机的互锁电气控制电路。要求电动机 M_1、M_2、M_3 按一定的顺序起动：即 M_1 起动后，M_2 才能起动；M_2 起动后，M_3 才能起动；停车时则同时停止。

7-12　试设计一台三相异步电动机的电气控制电路。要求：

（1）能实现起、停的两地控制；

（2）能实现点动调整；

（3）要有短路保护和过载保护。

7-13　某生产机械由两台笼型异步电动机 M_1、M_2 拖动，要求 M_1 起动后，M_2 才能起动，M_2 停转后，M_1 才能停转，即顺序起动，逆序停转。现有人拟定一电气控制电路，如图7-34所示，试分析该电气控制电路有何错误，应如何改正？

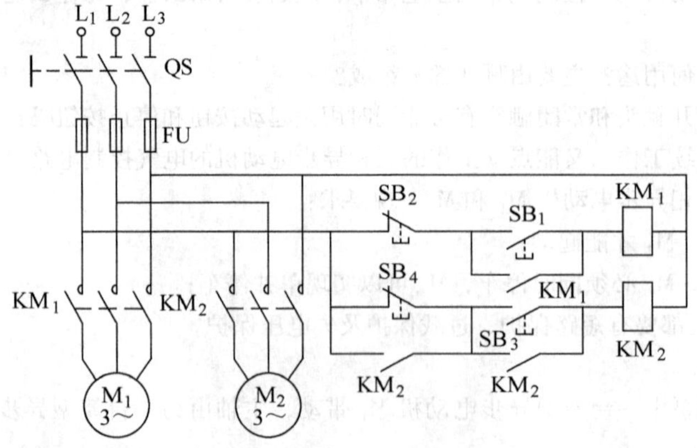

图7-34　题7-13图

7-14　在图7-35所示电路中，要求电动机 M_1 起动后经过一定时间，电动机 M_2 方能起动，并要求 M_2 能正、反转起动和单独停转，试改正电路中的错误，并补充必要的辅助触头。

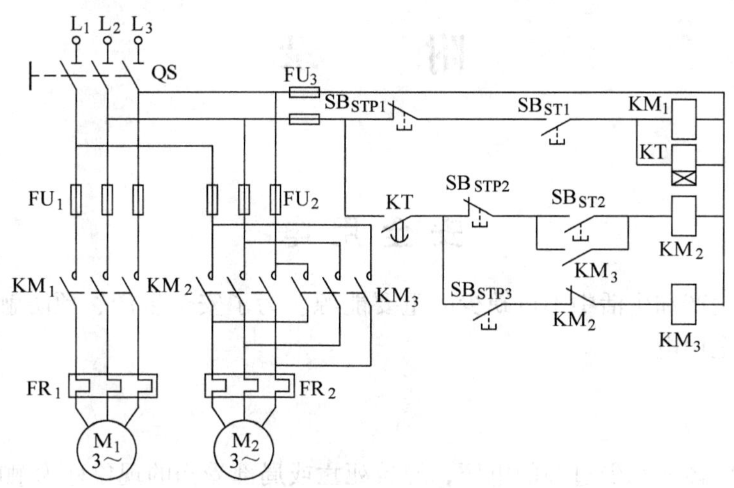

图7-35　题7-14图

附　　录

安全用电

电是现代化生产和生活中不可缺少的重要能源。为了安全生产、预防触电事故的发生，人们必须重视安全用电。

一、触电

人体触及带电体而承受过高的电压，导致死亡或局部受伤的现象称为触电。

触电根据伤害程度的不同可分为电击和电伤两种。

电击是指因电流流过人体，而使人体内部器官受伤的现象，这是最危险的触电事故之一。当电流通过人体时，轻者使人体肌肉痉挛，产生麻电感觉；重者会造成呼吸困难，心脏麻痹，甚至导致死亡。电击多发生在对地电压为 220 V 的低压线路或带电设备上。

电伤是指由于电流的热效应、化学效应和机械效应对人体的外表造成的局部伤害，如电灼伤、电烙印及皮肤金属化等。电伤多发生在 1000 V 及 1000 V 以上的高压带电体上，由于人们接触高压的机会很少，而且警惕性高，所以它的危险不像电击那样严重。

二、影响触电伤害程度的主要因素

1. 触电电流大小对人体的影响

通过人体的电流越大，引起心室颤动所需的时间就越短，致命的危害就越大。

安全电流是指人体触电后能够摆脱的最大电流值，一般规定为 30mA。我国漏电保护器的动作电流一般是按照 30mA 整定的。

按照通过人体电流的大小和人体所呈现的不同状态，工频交流电大致分为下列三种。

（1）感觉电流　指引起人的感觉的最小电流（1～3mA）。

（2）摆脱电流　指人体触电后能自主摆脱电源的最大电流。成年男性约为 9mA，成年女性约为 6mA。在线路或设备安装有防止触电的速断保护装置的情况下，人体的摆脱电流可按 30mA 考虑。

（3）致命电流　指在较短的时间内危及生命的最小电流（30mA）。

2. 通电时间的长短

随着通电时间的延长，人体电阻降低，导致通过人体的电流增加，触电的危险性随之增加。

技术上用电击能量（指触电电流与触电持续时间的乘积）来衡量电流对人体的伤害程度。若电击能量超过 150mA · s，触电者就有生命危险。

3. 电流频率的高低

实践证明，40～60 Hz 的交流电对人最危险。随着频率的增加，危险性将降低。当电源频率大于 20 kHz 时，所产生的损害明显减小，因而常在医学上用于理疗。

直流电流对人体的伤害程度较轻，一般成年男性摆脱直流电流的平均值为 76mA。

4. 电流路径

电流通过心脏、中枢神经及呼吸系统对人体造成的危害最大。电流通过心脏会造成心跳停止，血液循环中断；通过头部可使人昏迷；通过脊髓可能导致瘫痪；通过呼吸系统会造成窒息。

最危险的电流路径是从左手到胸部；从手到手及从手到脚的电流路径也很危险；危险性较小的电流路径是从左脚至右脚，但人体可能因痉挛而摔倒，导致发生二次事故而产生严重后果。

5. 人体电阻

人体电阻包括内部组织电阻（称为体电阻）和皮肤电阻两部分。内部组织电阻固定不变，并与接触电压和外部条件无关，一般为 500Ω 左右。皮肤电阻可在几十欧至几十万欧之间，人体电阻主要就是由皮肤电阻决定的。

人体电阻越大，受电流的伤害程度越低。如果皮肤表面角质层损伤，或是皮肤潮湿、有汗等，都会大幅度降低人体电阻。通常人体电阻可按 1～2kΩ 考虑。

另外，人的性别、健康情况及精神状态等也与触电伤害程度有密切关系。一般情况下，女性比男性、体弱者比身体健康者受触电伤害程度要大。

6. 触电电压的高低

由于电力系统的电压较为恒定，因此确定对人体的安全条件通常采用的是安全电压而不是安全电流。随着触电电压的升高，人体电阻会有所降低，通过人体的电流也就会随之增大。另外，在高压情况下，即使没有接触高电压，接近时也会有感应电流的影响，因而也很危险。

综上所述，人体所触及的电压大小及触电时的人体情况是决定触电伤害程度的最重要因素。

三、触电方式

1. 单相触电

单相触电是指当人站在地面或其他接地体上，人体的某一部位触及到三相电源线中的任意一相带电体，电流通过人体流入大地而造成的触电事故。这时人体所承受的电压是 220V 相电压，触电后果严重。

单相触电又可分为中性线接地和中性线不接地两种情况。如附图 1 所示。

在中性点接地系统中，发生单相触电时，如附图 1a 所示，人体所承受的电压是相电压，电流经相线、人体、大地和中性点接地装置形成通路，触电后果往往很严重。

在中性点不接地系统中，发生单相触电时，如附图 1b 所示，由于相线与大地间存在电容，电流经相线、人体、大地、另外两相的对地电容形成通路。一般来说，导线越长，对地电容电流越大，危险性越大。

2. 两相触电

两相触电也叫相间触电，是指人体同时触及两相带电体的触电方式。此时，电流由一根

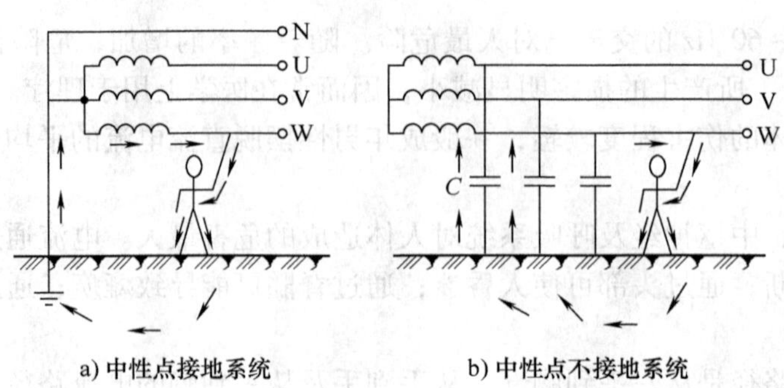

附图 1　单相触电

相线经过人体到另一根相线，形成闭合回路，如附图 2 所示。这种情况下，由于人体承受电源线电压，危险性比单相触电大。

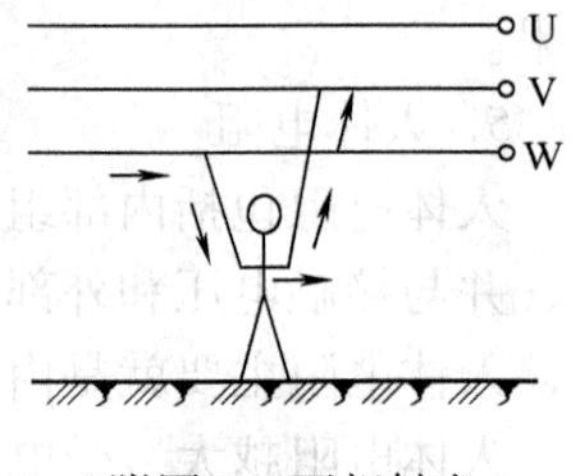

附图 2　两相触电

3. 跨步电压触电

当电气设备的绝缘损坏或电源的一相断线落地时，有电流向大地流散，在接地点周围土壤中产生分布电位，人站在接地点周围，两脚之间（按 0.8 m 计算）的电位差称为跨步电压，如附图 3 所示，由此引起的触电事故称为跨步电压触电。离接地点越远，电位越低。一般情况下在离接地点 20m 以外的地方，地面的电位近似等于零，就不用考虑跨步电压的危害了。

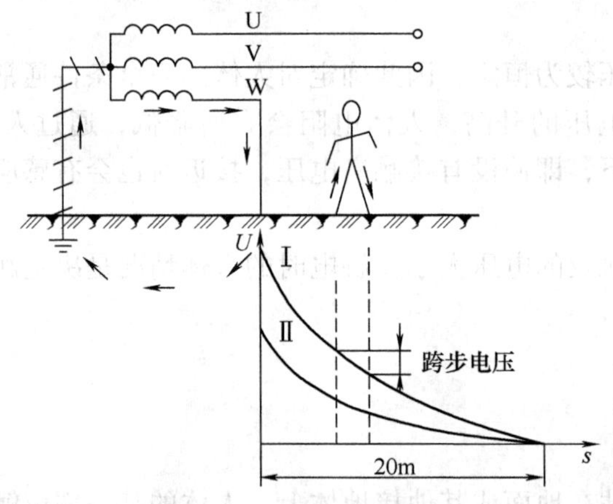

附图 3　跨步电压触电

当发现跨步电压威胁时，应单腿跳着离开危险区或双脚并拢蹦着离开危险区，否则，会因触电时间长而导致死亡。

四、防止触电的安全措施

安全用电的原则是：不接触低压带电体，不靠近高压带电体。

1. 选用安全电压

我国在 GB/T 3805—2008《特低电压（ELV）限值》中规定了安全电压的定义和等级。安全电压定义是为防止触电事故而采用的由特定电源供电的电压系列。对于安全电压的数值，在正常和故障情况下，任何两导体间或任何一导体与地之间的电压均不得超过交流电压

（50～500Hz）有效值50V和直流电压120V。

安全电压额定值的等级为42V、36V、24V、12V和6V。根据我国国家标准规定，凡手提照明灯、危险环境下的携带式电动工具、高度不足2.5m的一般照明灯，如果没有特殊安全结构或安全措施，应采用42V或36V安全电压。凡金属容器内、隧道内、矿井内等工作地点狭窄、行动不便以及周围有大面积接地导体的环境，使用手提照明灯时应采用12V安全电压。采用安全电压是用于小型电气设备或小容量电气线路的安全措施。

2. 安全间距

安全间距是指为保证人体及物体安全所确定的与带电体之间的距离。

为了防止人体触及或过分接近带电体，避免车辆或其他设备碰撞或过分接近带电体造成事故，以及为了防止火灾、防止过电压放电和各种短路事故，在带电体与地面之间、带电体与其他设备之间及带电体与带电体之间，均应保证留有一定的安全距离。

安全间距的大小取决于电压等级、设备类型及安装方式等因素。

例如，0.4kV架空线路通过居民区或工矿企业区时，与地面或水面的安全距离为6m；0.4～10kV架空线路为6.5m；10kV架空线路为7m。室内水平明敷导线时与地面的安全距离是：绝缘导线为2.5m，裸导线为3.5m。在低压操作中，人体或其携带的工具与带电体之间的最小距离不应小于0.1m。

3. 保护接地和保护接零

正常情况下，电气设备的金属外壳是不带电的。若电气设备在使用中因绝缘损坏或被击穿而造成外壳带电，人体触及外壳时就可能发生触电事故。为了防止触电，电气设备的金属外壳必须采取保护接地或保护接零措施。

（1）保护接地　在中性点不接地系统中，把电气设备的金属外壳用电阻很小的导线与接地体可靠连接起来的接地方式，即保护接地。

接地装置由接地体和接地线组成，接地体是指埋入地下直接与大地接触的金属导体，接地线是指连接接地体和电气设备接地螺栓的金属导体。接地体的对地电阻和接地线电阻的总和称为接地装置的接地电阻。

一般低压系统中，保护接地电阻应小于4Ω。附图4所示是保护接地原理。保护接地是中性点不接地低压系统的主要安全措施。

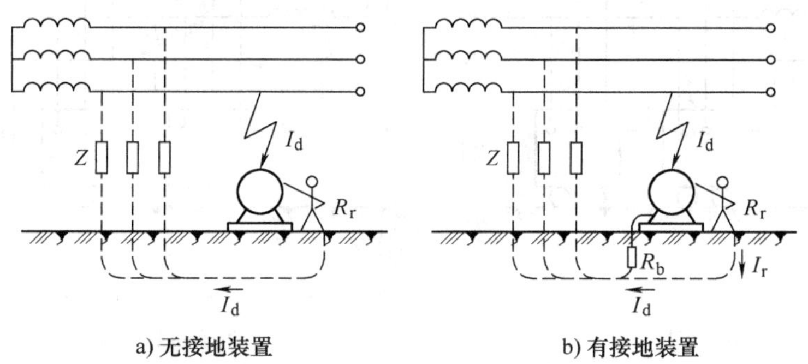

附图4　保护接地原理

设备外壳不接地、意外带电的情况如附图4a所示，人体触及外壳就相当于单相触电，电流流经人体，造成触电事故。

设备外壳接地、意外带电的情况如附图 4b 所示，由于接地电阻远远小于人体电阻，所以通过人体的电流很小，不会有危险。

（2）保护接零（保护接中性线）　保护接零是指在电源中性点接地（工作接地）的系统中，将设备的金属外壳与电源中性线直接连接的方式，如附图 5 所示。保护接零的防护作用比保护接地更为完善。

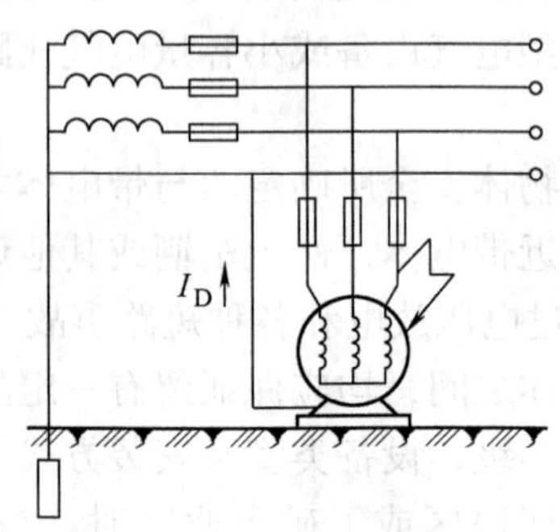

附图 5　保护接零

工作接地是指为了保证电气设备的正常工作，将电力系统中的某一点（通常是中性点）直接用接地装置与大地可靠连接起来的接地方式。我国的 380/220V 低压配电系统都采用了电源中性点直接接地的运行方式。工作接地是低压电网运行的主要安全设施。工作接地电阻必须不大于 4Ω。

当设备正常工作时，外壳不带电，人体触及外壳相当于触及中性线，无危险。当设备外壳带电时，短路保护起作用，能自动切断电源。

采用保护接零时，中性点工作接地必须可靠，而且保护接地和保护接零不宜混用。

4. 重复接地

在电源中性线接地系统中，为确保保护接零的可靠性，相隔一定距离将中性线一处或多处经接地装置与大地再次可靠连接的方式，称为重复接地。如附图 6 所示。重复接地电阻阻值不大于 10Ω。

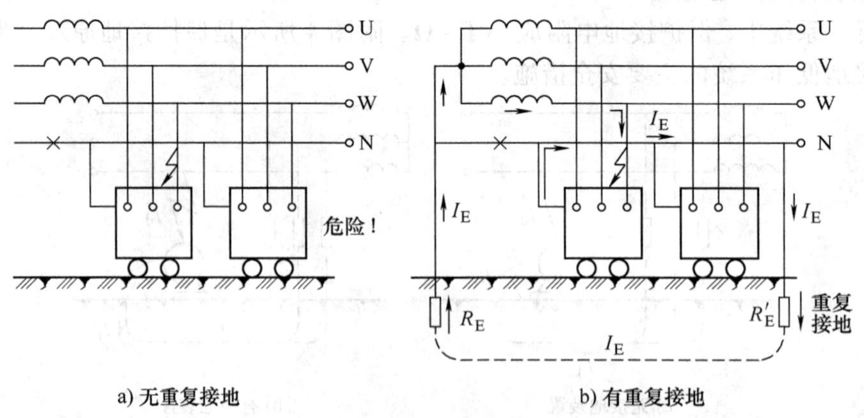

附图 6　重复接地原理图

在附图 6a 中，一旦中性线断线、设备金属外壳带电，人体触及设备外壳就会触电；在附图 6b 中，由于采用了重复接地，一旦出现中性线断线、设备金属外壳带电，设备外壳因重复接地而使其对地电压大大下降，对人体的危害也大大下降。

在三相四线制低压供配电系统中，中性线是单相负载的工作线路，在正常工作时，中性线上各点电位并不相等。一旦中性线断开，不仅负载不能正常工作，而且设备金属外壳带电。为此，推广将保护中性线和工作中性线完全分开的三相五线制供配电系统。保护中性线用 PE 表示（黄绿双色），工作中性线用 N 表示（浅蓝色）。

5. 漏电保护

漏电保护是一种防止触电的保护装置，能在电气设备发生漏电或接地故障而人体尚未触及时切断电源；或者当人体已触及带电体时，能在非常短的时间（0.1s）内切断电源，减轻对人体的危害。

参 考 文 献

[1]　程军. 电工技术 [M]. 北京：电子工业出版社，2011.
[2]　林平勇，高嵩. 电工电子技术 [M]. 北京：高等教育出版社，2004.
[3]　张永花，杨强. 电机及控制技术 [M]. 北京：中国铁道出版社，2010.
[4]　徐咏冬. 电工电子技术基础实训 [M]. 北京：机械工业出版社，2007.
[5]　何军. 电工电子技术项目教程 [M]. 北京：电子工业出版社，2010.
[6]　郭艳萍. 电气控制与 PLC 应用 [M]. 北京：人民邮电出版社，2010.
[7]　叶水春. 电工电子基本操作技能实训 [M]. 北京：人民邮电出版社，2008.
[8]　韩志凌. 电工电子实训教程 [M]. 北京：机械工业出版社，2009.
[9]　杨金夕. 防雷·接地及电气安全技术 [M]. 北京：机械工业出版社，2004.